数控多轴编程与加工
——hyperMILL 案例实战篇

主　编　徐顺和　　冯为远

副主编　刘绍伟　　刁文海

参　编　何兴博　黄志楷　沈德章　刘志晖　闭祖勤

　　　　沈　梁　诸　悦　刘碧云　吴海明

主　审　何　平

机械工业出版社

为了适应智能制造高端精密数控加工岗位的需求，本书在传统讲解方式的基础上以典型项目为载体，以任务驱动的方式引导读者入门学习。全书以hyperMILL设计软件为平台，详细讲解了多轴加工基础知识与操作，及三轴加工、四轴加工和五轴加工所必需的系统知识和专业技能。本书主要内容包括多轴加工基础知识与操作、hyperMILL设计软件的基础知识、五轴定向加工、四轴联动加工、五轴联动加工等。本书在内容设置上注重国家标准应用及企业实际需求，通过任务描述、任务目标、任务分析、任务实施、任务评价、任务拓展，层层递进，从而引导读者进行探索；在呈现形式上通过使用实物照片、视频，增加了本书的直观性和可读性。本书为帮助读者理解、掌握理论和技能知识，在每个任务后都增加了任务拓展。

本书适用于已经掌握三轴加工基本知识并能使用相关的CAM软件进行加工的读者。本书可作为职业院校数控加工相关专业的教材，也可作为企业从事多轴数控加工工作的技术人员的参考书。

为方便教学，本书配有免费的电子三维图样、PPT课件及任务讲解视频，需要的教师可登录www.cmpedu.com免费注册下载。

图书在版编目（CIP）数据

数控多轴编程与加工：hyperMILL 案例实战篇 / 徐顺和，冯为远主编 . —北京：机械工业出版社，2023.6
世赛成果转化系列教材
ISBN 978-7-111-72978-5

Ⅰ.①数…　Ⅱ.①徐…②冯…　Ⅲ.①数控机床－程序设计－职业教育－教材　Ⅳ.① TG659

中国国家版本馆 CIP 数据核字（2023）第 062311 号

机械工业出版社（北京市百万庄大街 22 号　邮政编码 100037）
策划编辑：侯宪国　　　　　　　　责任编辑：侯宪国　戴　琳
责任校对：贾海霞　王明欣　　　　封面设计：马精明
责任印制：郜　敏
北京富资园科技发展有限公司印刷
2023 年 7 月第 1 版第 1 次印刷
184mm × 260mm · 18 印张 · 465 千字
标准书号：ISBN 978-7-111-72978-5
定价：59.80 元

电话服务　　　　　　　　　网络服务
客服电话：010-88361066　机 工 官 网：www.cmpbook.com
　　　　　010-88379833　机 工 官 博：weibo.com/cmp1952
　　　　　010-68326294　金 书 网：www.golden-book.com
封底无防伪标均为盗版　机工教育服务网：www.cmpedu.com

前言
FOREWORD

数控加工技术作为现代机械制造技术的基础，使得机械制造过程发生了显著的变化。现代数控加工技术与传统加工技术相比，无论在加工工艺、加工过程控制，还是加工设备与工艺装备等诸多方面均有显著不同。通常所说的多轴数控加工是指四轴以上的数控加工，其中具有代表性的是五轴数控加工。

随着数控技术的发展，多轴数控加工中心得到越来越广泛的应用。多轴数控加工中心最大的优点是使原本复杂零件的加工变得容易了许多，并且缩短了加工周期，提高了加工质量。多轴数控机床主要依赖于CAD和CAM软件进行编程，本书重点以CAM软件hyperMILL 2020.1为平台讲解。

hyperMILL是OPEN MIND公司开发的产品。OPEN MIND 是全球最受欢迎的CAM 解决方案开发商之一，其产品专门用于独立于机床和控制器的编程。OPEN MIND可设计CAM 优化解决方案，包括大量其他产品无法提供的创新功能，显著提升了编程和加工性能。hyperMILL系统中内嵌了诸如 2.5D、3D、五轴铣削和车铣复合等策略，以及诸如 HSC（高速加工）和 HPC（高性能加工）等加工操作。由于 hyperMILL与当前所有的CAD解决方案和众多编程自动化工具的全面兼容性，客户可最大限度地享受产品的优势。

本书主要是针对目前学校、企业对hyperMILL的需求及众多hyperMILL自学者的需求而编写的。本书以hyperMILL 2020.1为操作平台，以项目为载体，通过任务驱动的方式引导读者入门。全书共分为五个模块，由浅入深地介绍了hyperMILL 2020.1软件中多轴数控加工的流程、功能、工艺、方法、技巧等。每个项目都设计了任务拓展模块，为学习者在学习后能够有效地运用提供了平台，从而实现了"学做合一"。

全书共分为五个模块。具体编写分工如下：成都市技师学院沈德章、刘志晖编写模块一，广西工业技师学院何兴博、闭祖勤编写模块二，广州市机电技师学院习文海编写模块三，杭州萧山技师学院徐顺和编写模块四，广东省机械研究所黄志楷编写模块五项目一，温州技师学院刘绍伟编写模块五项目二，广东省机械技师学院冯为远编写模块五项目三，杭州萧山技师学院诸悦、沈梁编写模块五项目四。杭州萧山技师学院吴海明编写附录A、附录B，广东省机械技师学院刘碧云编写附录C、附录D。全书由徐顺和负责统稿，天津职业技术师范大学何平主审。

特别感谢OPEN MIND公司技术工程师的支持与指导，以及广东原点智能技术有限公司的技术支持。

本书虽然已经过多次校对，但由于编者水平有限，难免存在一些不足之处，欢迎广大读者予以批评指正。

编　者

目录
CONTENTS

模块一

多轴加工基础知识与操作

　　本模块主要描述典型零件的加工，按零件的加工工艺流程，详细介绍 hyperMILL 软件中 2D 的常用加工策略，如常见的平面加工、外轮廓加工、型腔加工和倒角加工，为后续模具（凹凸模）加工的学习奠定基础。

项目一

多轴加工技术入门基础知识

一、多轴加工概述

多轴加工是指在具有三个移动轴（X、Y、Z）联动的基础上，再增加绕这三个移动轴旋转运动的一种加工方式，这些运动方式可以是全部联动的，也可以是部分联动的，如图1-1-1所示。

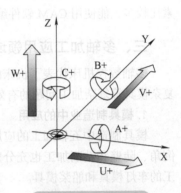

图1-1-1 运动方式

多轴联动是多轴加工的一种形式，联动是数控机床的轴按一定的速度同时到达某一个设定的点。五轴联动是指在一台机床上至少有五个坐标轴（三个直线坐标轴和两个旋转坐标轴），而且可在计算机数字控制机床（CNC）的控制下同时协调运动进行加工。多轴数控机床是一种科技含量高、精密度高、专门用于加工复杂曲面的机床，这种机床系统对一个国家的航空航天、军事、科研、精密器械、高精医疗设备等行业，有着举足轻重的影响力。

装备制造业是一国工业之基石，它为新技术、新产品的开发和现代工业生产提供重要的支持，是不可或缺的战略性产业，即使是发达工业化国家，也无不高度重视。随着我国国民经济迅速发展和国防建设的需要，对高档的数控机床提出了迫切的需求。机床是一个国家制造业水平的象征。而当前代表机床制造业最高境界的是多轴联动数控机床系统，从某种意义上说，它反映了一个国家的工业发展水平状况。

二、多轴加工优缺点

1. 多轴加工的优势

1）减少基准转换，提高加工精度。多轴加工的工序集成化不仅提高了工艺的有效性，而且由于零件在整个加工过程中只需一次装夹，加工精度更容易得到保证。

2）减少工装夹具数量，减小车间占地面积。尽管多轴数控机床的单台设备价格较高，但由于生产过程链的缩短和设备数量的减少，工装夹具数量减少，车间占地面积减小，设备维护费用也随之减少。

3）缩短生产过程链，简化生产管理。多轴数控机床的完整加工大大缩短了生产过程链，而且由于只把加工任务交给一个工作岗位，不仅使生产管理和计划调度简化，而且透明度明显提高。零件越复杂，多轴加工相对传统工序分散的生产方法的优势就越明显。同时由于生产过程链的缩短，在制品数量必然减少，可以简化生产管理，从而降低了生产运作和管理的成本。

4）缩短新产品研发周期。对于航空航天、汽车等领域，有的新产品的零件及成型模具形状很复杂，精度要求也很高，因此具备高柔性、高精度、高集成性和完整加工能力的多轴数控加工中心是必要的，它可以很好地解决新产品研发过程中复杂零件加工的精度和周期问题，大大缩短研发周期和提高新产品的成功率。

2. 多轴加工的局限性

1）多轴数控机床刚性、精度相对较差。目前来说，多轴数控机床在复杂零件加工以及效率上的优势较为明显，在精度上并没有绝对优势，反而因为复杂的机身设计，使机床的刚性稍显弱势。

2）需要经验丰富的多轴 CAM 编程人员。在多轴加工中，不仅需要计算出点位坐标数据，更需要得到坐标点上矢量方向的数据，矢量方向在加工中通常用来表达刀具的刀轴方向，这就对计算能力提出了挑战。

目前这项工作最经济有效的解决方案是通过计算机和 CAM 软件来完成，虽然众多的 CAM 软件都具有这方面的能力，但是这些软件在使用和学习上难度比较大，编程过程中需要考虑的因素比较多，能使用 CAM 软件编程的技术人员成为多轴加工的一个瓶颈因素。

三、多轴加工应用领域

多轴数控机床代表了机床的高端水平，是解决叶轮、叶片、船用螺旋桨、重型发电机转子、复杂模具等复杂加工问题的有效手段。

1. 模具制造业中的应用

模具制造中五轴加工的应用主要包括筋板加工、刨角、深孔或芯部加工等，同样，槽加工、倒角、陡壁和钻削加工也充分发挥了五轴加工的优势。如图 1-1-2 和图 1-1-3 所示分别为五轴加工的车灯模具和船桨模具。

图 1-1-2　车灯模具　　　　　　　　　图 1-1-3　船桨模具

2. 整体模型的加工

汽车、飞机等模型在新产品开发初期，要求短时间内把样品制作出来，评价其外观及结构的合理性，以利于及时进行修改。大部分厂家会使用五轴数控机床进行非金属材料加工，以避免耗费许多工时对工件进行翻面及定位，从而提高加工效率。如图 1-1-4 和图 1-1-5 所示分别为车模原型加工和显示器模型加工。

3. 叶轮、叶片的加工

叶轮（图 1-1-6）、叶片类零件包括空间自由曲面，要求加工过程中刀轴能跟随曲面变化。因此，叶轮、叶片类零件必须使用五轴数控机床进行加工，如图 1-1-7 所示。

图 1-1-4 车模原型加工

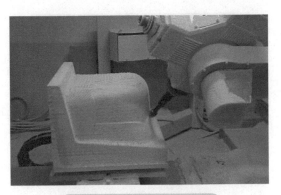

图 1-1-5 显示器模型加工

图 1-1-6 叶轮

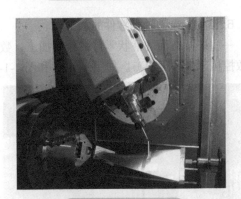

图 1-1-7 叶片加工

4. 航空、航天器零部件的加工

由于功能和结构的要求，很多航空和航天器类零件是框架类零件，这些零件的毛坯件一般是锻件，在结构上具有三维表面特征，有较多的薄壁加强筋结构，在三轴数控机床上无法加工出来，而必须使用多轴加工，如图 1-1-8 和图 1-1-9 所示分别为飞机肋板加工和结构件加工。

图 1-1-8 飞机肋板加工

图 1-1-9 结构件加工

5. 气缸、机座类零件的加工

发动机气缸具有复杂的内部结构，如图 1-1-10 所示，一些气缸孔还具有弯曲弧度，无法使用三轴加工方式进行精加工。因此，气缸孔一般使用五轴数控机床来进行切削。如图 1-1-11 所示为弯管加工。

图 1-1-10　发动机气缸

图 1-1-11　弯管加工

6. 结构复杂的轴类零件的加工

一些非圆截面的柱状零件的铣削加工，数控车床、加工中心是无法胜任的，需要使用立式四轴数控机床来进行加工。如图 1-1-12 和图 1-1-13 所示分别为螺纹轴加工和环形槽加工。

图 1-1-12　螺纹轴加工

图 1-1-13　环形槽加工

7. 其他领域的加工

多轴加工还广泛应用于其他领域模型的生产，如图 1-1-14 和图 1-1-15 所示。

图 1-1-14　木雕加工

图 1-1-15　玉观音雕刻加工

四、数控机床运动轴配置及方向定义

（1）坐标系命名原则　编程时为了描述机床的运动和方向，进行正确的数值计算，简化程序的编制和保存记录数据，就需要明确数控机床的坐标轴和进给方向。

中国机械工业联合会 2005 年发布了《工业自动化系统与集成机床数值控制 坐标系和运动命名》（GB/T 19660—2005）标准，该标准等同于国际上对数控机床的坐标系和运动方向制定的 ISO 841：2001 标准。

GB/T 19660—2005 标准规定了与数控机床主要运动和辅助运动相应的机床坐标系，机床坐标系用来提供刀具相对于固定工件移动的坐标。这一原则使编程人员不用知道是刀具移近工件还是工件移近刀具，就能依据零件图样进行数控加工程序的编制。

（2）机床坐标系　在数控机床上，机床的动作是由数控装置来控制的，为了确定机床上的成形运动和辅助运动，必须先确定机床上运动的方向和运动的距离，这就需要一个坐标系，这个坐标系就称为机床坐标系。

1）机床坐标系的规定。标准的机床坐标系是一个右手笛卡儿坐标系，如图 1-1-16 所示，图中规定了 X、Y、Z 三个直角坐标轴的方向。伸出右手的拇指、食指和中指，并互为 90°，拇指代表 X 坐标轴，食指代表 Y 坐标轴，中指代表 Z 坐标轴。拇指的指向为 X 坐标轴的正方向，食指的指向为 Y 坐标轴的正方向，中指的指向为 Z 坐标轴的正方向。围绕 X、Y、Z 坐标轴的旋转坐标分别用 A、B、C 表示。

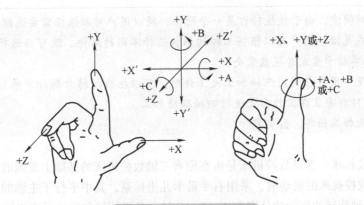

图 1-1-16　笛卡儿坐标系

2）运动方向的确定。数控机床规定增加刀具与工件的距离为移动方向的正方向。此规定在应用时是以刀具相对于静止的工件而运动为前提条件的。也就是说，刀具离开工件的方向便是机床某一运动的正方向。

① Z 坐标轴的确定。Z 坐标轴的运动方向是由传递切削力的主轴所决定的，与主轴轴线平行的标准坐标轴即为 Z 坐标轴，其正方向是增加刀具和工件之间距离的方向。

② X 坐标轴的确定。X 坐标轴一般是水平的，它垂直于 Z 轴且平行于工作台平面。当 Z 坐标轴是水平的（卧式数控铣床），观察者沿主轴向工件看（即观察者从机床背面向工件看）时，X 坐标轴的正方向指向右方。对于 Z 坐标轴是垂直于工作台平面的（立式数控铣床），观察者沿主轴向立柱看（即观察者从机床前向立柱看）时，X 坐标轴的正方向指向右方。

③ Y 坐标轴的确定。在确定了 X 和 Z 坐标轴后，可根据 X 和 Z 坐标轴的正方向，按照右手笛卡儿坐标系来确定 Y 坐标轴及其正方向。

④ A、B、C 坐标轴的确定。围绕 X、Y、Z 坐标轴的旋转坐标分别用 A、B、C 表示。根据右手螺旋法则，拇指的指向为 X（Y、Z）轴的正方向，其他四指的指向为 A（B、C）旋转轴的

正方向。

五、多轴数控机床的常见形式

（1）四轴数控机床 四轴数控机床结构实例，如图1-1-17所示。该机床中四个坐标轴分别是X、Y、Z轴和绕X轴旋转的A轴。

四轴数控机床是在三轴数控机床的基础上，增加一个绕X轴旋转的A轴或绕Y轴旋转的B轴的数控回转分度头，工件安装在回转分度头上随分度头旋转任意角度，即所谓3+1形式的四轴数控机床。这种结构主轴的刚度不受影响，但由于旋转工作台是放置在三轴工作台上的，Z轴的行程会受影响，当在该机床上加工三轴零件时，其X轴和Y轴的加工范围会受影响。

图1-1-17　立式四轴数控机床结构实例

特点：

1）价格相对便宜。由于数控转台是一个附件，所以用户可以根据需要选配。

2）装夹方式灵活。用户可以根据工件的形状选择不同的附件。既可以选择自定心卡盘装夹，也可以选配单动卡盘或者花盘装夹。

3）拆卸方便。用户在利用三轴加工大工件时，可以把数控转台拆卸下来。当需要时可以很方便地把数控转台安装在工作台上进行四轴联动加工。

4）主要用来加工轴类、盘类零件。

（2）五轴数控机床 五轴数控机床是由在原有三轴数控机床的基础上发展而来的。根据ISO的规定，在描述数控机床的运动时，采用右手笛卡儿坐标系，其中平行于主轴的坐标轴定义为Z轴，绕X、Y、Z轴旋转的坐标轴分别为A、B、C轴。各坐标轴的运动可由工作台或刀具的运动来实现，但方向均以刀具相对于工件的运动方向来定义。通常五轴联动是指X、Y、Z、A、B、C中任意五个坐标轴的线性插补运动。换言之，五轴是指X、Y、Z三个移动轴加任意两个旋转轴。

特点：

1）可一次性完成零件的五面加工，减小重复装夹次数，提高加工精度，节约时间。

2）可完成空间曲面的加工，减小对设计、加工工艺的限制，提高产品的整体性能。

3）利用刀轴的可控性，让刀具的侧刃切削，提高效率及表面质量，延长刀具寿命。

4）缩短新产品研发周期，对于不适合大批量分工艺加工的试制零件，用五轴数控机床能大幅度缩短产品试制的时间。

六、五轴数控机床的优点

（1）更广的适用范围 五轴数控机床一般能够加工三轴数控机床不能加工或者无法一次装夹完成加工的连续光滑的自由曲面，如航空发动机转子、大型发电机转子、大型船舶螺旋桨等。由于五轴数控机床在加工过程中刀具相对于工件的角度可以随时调整，避免了刀具的加工干涉，可以完成三轴数控机床不能完成的许多复杂曲面的加工。

（2）更高的加工质量 五轴数控机床可以提高自由空间曲面的加工精度、加工效率和加工质量。相对于三轴数控机床加工一般的型腔类工件，五轴数控机床可以在一次装夹中完成加工，并且由于可以随时调整位姿角，五轴数控机床可以以更好的角度加工工件，大大提高了加工质量和加工精度。

（3）更高的工作效率 五轴数控机床的工作效率显著提升。在传统三轴数控机床加工过程中，大量的时间被消耗在搬运工件、上下料、安装调整等环节上。五轴数控机床可以完成数台三轴数控机床才能完成的加工任务，大大节省了占地空间和工件在不同加工单元之间运转的时间，工作效率显著提升，相当于普通三轴数控机床的 2～3 倍。

项目二

典型五轴数控机床简介

1. 五轴数控机床的类型

根据五轴数控机床的轴运动的配置形式进行分类，机床轴运动的配置形式有工作台旋转和主轴头摆动两类，通过不同的组合可以构成主轴倾斜型五轴数控机床、工作台倾斜型五轴数控机床以及工作台/主轴倾斜型五轴数控机床三大类。

（1）主轴倾斜型五轴数控机床

1）立式主轴双摆头。在摆头中间一般有一个带有松拉刀结构的电主轴，双摆头自身的尺寸不容易做小，加上双摆头活动范围的需要，所以双摆头结构的五轴数控机床的加工范围不宜太小，且越大越好，一般为龙门式或动梁龙门式。联动轴为 X/Y/Z/A/C，Y 轴方向 B 轴不旋转，如图 1-2-1 所示。

2）卧式主轴双摆头。基于卧式加工中心结构的双摆头五轴数控机床。联动轴为 X/Y/Z/B/C，X 轴方向 A 轴不旋转，如图 1-2-2 所示。

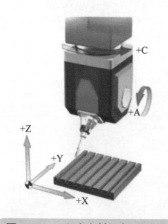

图 1-2-1　立式主轴双摆头结构

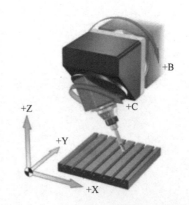

图 1-2-2　卧式主轴双摆头结构

（2）工作台倾斜型五轴数控机床

1）工作台摇篮式。基于传统三轴数控机床，加上摇篮式工作台，工件进行摆动，变成 3+2 式的五轴数控机床。联动轴为 X/Y/Z/A/C，Y 轴方向 B 轴不旋转，如图 1-2-3 所示。

2）工作台摆动式。在直驱电机成熟后，五轴数控机床的结构也有了很大的改善。整个工作台可以进行双摆动。目前 C 轴直驱能达到一定转速，实现车削的效果。联动轴为 X/Y/Z/B/C，X 轴方向 A 轴不旋转，如图 1-2-4 所示。

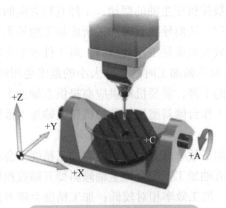

图 1-2-3　工作台摇篮式结构

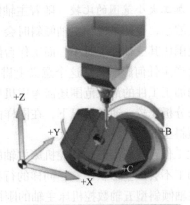

图 1-2-4　工作台摆动式结构

（3）工作台／主轴倾斜型五轴数控机床

依据摆动机构的演变，工作台和主轴分别摆动，构成两者的结合。联动轴为 X/Y/Z/A/C，Y 轴方向 B 轴不旋转，如图 1-2-5 所示。

2. 主轴倾斜型五轴数控机床与工作台倾斜型五轴数控机床的区别

五轴数控机床的五个轴通常是由三个直线轴和两个回转轴组成的，其结构方式却有很大差别。不同的结构形式会使机床在刚性、动态性能和精度稳定性等方面产生一些差异。以下主要针对主轴倾斜型五轴数控机床和工作台倾斜型五轴数控机床这两种结构的五轴数控机床进行分析比较，以便充分了解其结构形式和优缺点。

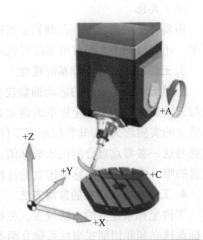

图 1-2-5　工作台／主轴倾斜型结构

（1）机床主轴刚性的比较　主轴倾斜型五轴数控机床在加工的过程中，由于主轴摆动，使得主轴的刚性相对较差；而工作台倾斜型机床，由于是工作台摆动，所以不会对主轴的刚性产生任何影响。

（2）机床加工效率的比较　由于旋转点的不同，刀尖实现同样的位移时，主轴倾斜型五轴数控机床的主轴需要摆动更大的角度（类似杠杆原理），所以加工同样的零件，主轴倾斜型五轴数控机床的效率更低。

（3）刀具长度对机床加工精度的影响　对主轴倾斜型五轴数控机床来讲，刀具长度是摆臂的一部分。也就是说，在主轴倾斜的情况下，刀具的长度影响摆臂长度，放大误差。即误差会随刀具长度的增长而增大（摆动误差 = 摆臂 × 摆角）。对于工作台倾斜型五轴数控机床，刀具长度与摆臂的长度无关。

（4）摆动产生的位置误差与形状误差　随着摆动，两种机床都会产生位置误差，但是主轴倾斜型五轴数控机床还会产生形状误差，而工作台倾斜型五轴数控机床则不会产生形状误差。主轴倾斜型五轴数控机床刀具旋转，从而产生位置误差。与此同时，加工孔的进给方向和刀具的回转中心发生偏离，所以加工孔产生位置误差的同时，还会产生形状误差，出现楔形孔。而工作台倾斜型五轴数控机床的位置误差是由于工作台摆动造成的，主轴的进给方向和刀具的旋转中心始终重合，所以不会再附加产生形状误差。这是工作台倾斜与主轴倾斜相比另一个明显的优势。

（5）加工大小范围的比较　随着主轴倾斜型五轴数控机床主轴的摆动，工件直径方向的加工范围将会缩小，也就是说，主轴倾斜时会"吃掉"行程，从而导致五轴加工所能加工的最大工件的直径范围比其三轴加工时小。而工作台倾斜型五轴数控机床是工作台倾斜，对工件水平方向的尺寸不会产生任何影响，从这个意义上讲，五轴加工和三轴加工时的工件大小的范围是相同的。但是五轴加工工件的最大范围还需考虑机床结构引起的干涉，需要机床供应商提供五轴加工干涉示意图来分析比较。通常情况下，在同样的行程下，工作台倾斜型五轴数控机床五轴加工范围会比主轴倾斜型五轴数控机床更大。

因此工作台倾斜型五轴数控机床主轴的刚性好，加工效率高；刀具长度对加工精度不会产生影响；加工不会产生形状误差；同样的行程下，机床五轴加工范围会比主轴倾斜型五轴数控机床更大。主轴倾斜型五轴数控机床主轴的刚性相对较差，加工效率相对较低；加工精度会随刀具长度的增长而降低；加工会产生形状误差；主轴摆动时会"吃掉"行程，从而导致能够加工的最大工件尺寸变小。

（6）其他

需要补充的是，工作台倾斜型机床由于需要克服工件自重，如果工件很重，对夹具有更高的要求。还有，加工大型重型零件时机床无法实现工作台摆动，就只能采用主轴摆动的方式。

3. 五轴加工工件坐标系的建立

虽然五轴加工设备的运动轴数较多，且包含多种坐标系，但五轴加工时工件坐标系的建立方法与三轴加工时的工件坐标系的建立方法基本相同。无论是三轴加工还是五轴加工，其工件坐标系建立的实质均为：告知数控系统工件放置在数控机床的哪个位置上，即选择工件上某一参考点，找到与这一参考点重合的机床坐标值，并将该机床坐标值输入数控系统中，以确定工件在机床中位置的唯一性。工件坐标系建立的过程即为实现这一告知目的的方法和手段。

4. 工件坐标系建立的常用方法

工件坐标系建立的方法较多，根据主轴夹持设备与工件接触方式的不同，一般可分为切削式坐标系建立和非切削式坐标系建立两类，这两种方法的坐标系建立原理基本相同。

（1）切削式坐标系建立　切削式坐标系建立应用较广。该方法所用主轴夹持设备一般为刀具，通过刀具切削工件观察切屑的方法实现坐标系的建立。该方法操作简单，应用范围广，但精度较低，常用于粗加工坐标系的建立，不能用于精加工基准工件表面坐标系的建立。

（2）非切削式坐标系建立　非切削式坐标系建立采用的主轴夹持设备较多，主要包括机械寻边器、光电寻边器、杠杆表和红外探头等。在五轴数控机床中应用较多的为采用红外探头建立工件坐标系的方法。这个方法精度较高，且可与数控系统的测量循环指令结合使用，操作简单。

（3）工件坐标系建立的一般步骤　五轴加工中工件坐标系的建立过程与三轴加工工件坐标系的建立过程基本相同。一般情况下需要将五轴数控机床的两个旋转轴转动至 0° 位置，使机床处于正交三轴加工状态，并采用三轴加工的工件坐标系建立方法进行操作。

模块二

hyperMILL 软件的基础知识

通过本模块的学习，可以掌握 2D 和 3D 常用加工策略（任意毛坯粗加工、等高精加工、投影精加工、ISO 曲面加工等）、钻孔加工常用策略（点钻、扩孔、铰孔、攻螺纹等），可以了解典型型腔类零件三轴加工工艺特点。为后续五轴加工学习奠定良好的基础。

项目一

典型零件加工

【任务描述】

轮廓、型腔加工是机械加工的重要环节。如图 2-1-1 所示的典型零件，单件加工，毛坯尺寸为 100mm × 100mm × 30mm，材料为铝合金。根据图样要求，合理制订加工工艺，利用 hyperMILL 软件编程，安全操作机床加工出零件，达到规定的精度和表面质量要求。

本项目教学学时为 6 学时，实操学时为 8 学时。

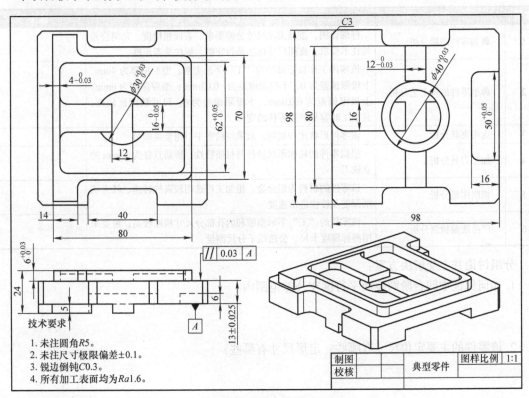

图 2-1-1　典型零件

【任务目标】

1. 能对典型零件进行工艺分析，并制订加工工艺路线。
2. 会用 hyperMILL 软件的常规设置以及 2D 加工的常用加工策略。

3. 能用 hyperMILL 软件完成图 2-1-1 所示零件模型的导入、加工参数设置、生成刀路轨迹、后置处理生成 G 代码等操作。

【任务分析】

认真读图，请填写以下空白处的内容：

零件材料为_____ ；零件内孔的尺寸分别为_____ ；内孔的表面粗糙度为_____ ；未注圆角为_____ ；根据零件图样选用_____规格刀具；选用的加工设备为_____ ；几何公差要求有_____ ；公差要求较高的尺寸有_____ ；漏标注尺寸有_____ 。

【任务实施】

一、加工工艺分析

该零件毛坯尺寸为 100mm × 100mm × 30mm，需要加工上、下表面的型腔、轮廓以及前后两侧表面的凹槽，要求保证尺寸精度、表面精度以及几何精度，为典型零件加工。上、下两面加工需翻面装夹，考虑装夹位置合理，同时按加工工艺的先面后孔原则，故采用"上表面→前后凹槽→翻面装夹→下表面"的加工方案完成零件加工。典型零件加工工艺分析见表 2-1-1。

表 2-1-1 典型零件加工工艺分析

序号	项目	分析内容	备注
1	典型零件图样分析	仔细读图，重点关注尺寸公差要求、表面粗糙度、几何公差与技术要求。查阅尺寸标注是否完整，标注是否正确	
2	典型零件结构工艺分析	该零件工作核心部位为"工"字形型腔，型腔壁厚为 4mm，上极限偏差为 0，下极限偏差为 −0.03mm；型腔深度为 6mm，上极限偏差为 0.03mm，下极限偏差为 0。尺寸精度比较高，且加工时容易产生零件的变形	
3	选用夹具分析	该零件形状比较规则，故采用精密平口钳装夹即可	
4	加工刀具分析	根据零件的轮廓形状特征与材质特性，所需直径为 10mm 的立铣刀	
5	切削用量分析	该零件的材料为铝合金，粗加工可选用较高的转速、较大切削深度及较快进给速度	
6	产品质量检测分析	该零件的"工"字形型腔和内孔部分尺寸精度较高，需要采用游标深度卡尺、公法线千分尺测量	

分组讨论并上交解决方案：

1. 如何保证中间台阶两表面平行度在公差范围内？

2. 该零件的主要定位尺寸有哪些？定形尺寸有哪些？

二、编制工艺卡

编制加工工艺卡需考虑本车间的设备条件，以及查阅机械加工工艺手册等参考资料，参考工艺卡见表 2-1-2。

表 2-1-2　工艺卡

零件名称		单位名称					第　　页	共　　页
毛坯类型		零件数量		工艺设计人				
材料		工艺卡号		工艺装备 加工类别				

工序号	工步	加工内容	刀具及材料	切削参数				加工余量
图示				转速	进给速度	步距	切削深度	

三、设备、工具、量具、辅助准备

根据任务的加工要求，填写本任务需要的设备、辅助工量器具见表 2-1-3。

表 2-1-3　需要的设备、辅助工量器具

名称	序号	类型	型号 / 规格	数量	备注
机床	1				
刀具	1				
	2				
	3				
量具	1				
	2				
	3				
	4				
刀柄（配统夹）	1				
	2				
	3				
	4				
	5				
夹具	1				
	2				
其他工具	1				
	2				
	3				
	4				
	5				
	6				

四、hyperMILL 软件编程加工

1. hyperMILL相关知识点

该零件主要用到三轴铣削的知识点，具体知识点见表 2-1-4。

表 2-1-4　hyperMILL 相关知识点

一级类型	二级类型 （工序类型）	三级类型 （工序子类型）	四级类型 （切削模式 / 循环类型 / 驱动方法）	五级类型 （刀轴控制类型）
三轴铣削加工	端面加工	2D 铣削	端面	固定轴
	型腔加工	2D 铣削	型腔	固定轴
	轮廓加工	2D 铣削	轮廓	固定轴
	倒角加工	2D 铣削	轮廓	固定轴
	任意毛坯粗加工	3D 铣削	模型	固定轴

2. hyperMILL加工环境设置

hyperMILL 加工环境包括加工坐标系、模型、毛坯、刀具和加工方法，其设置见表 2-1-5。

表 2-1-5　hyperMILL 加工环境设置

软件操作步骤	操作过程图示
1）在 Windows 系统中选择【开始】→【所有程序】→ hyperMILL 2020.1 命令，进入初始界面，如图所示	
2）在菜单栏中单击【文件】→【打开】，弹出【打开】对话框，选择所要导入的典型零件的加工 .hmc 文件，双击鼠标打开文件，如图所示	
3）在菜单栏中单击【文件】→【另存为】，保存加工文件	
4）在菜单栏中单击【hyperMILL】→【设置】→【设置】，进行保存文件的设置	

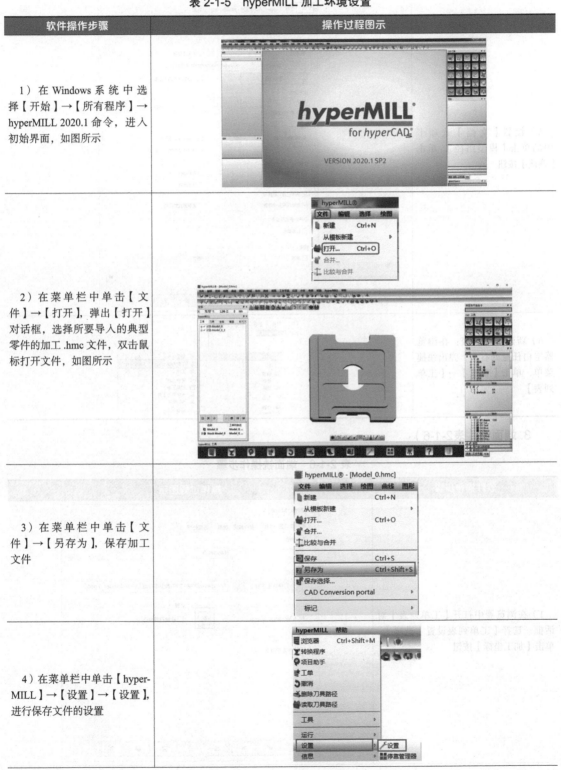

（续）

软件操作步骤	操作过程图示
5）设置【文档】选项卡中的单击【模型路径】，单击【确认】按钮	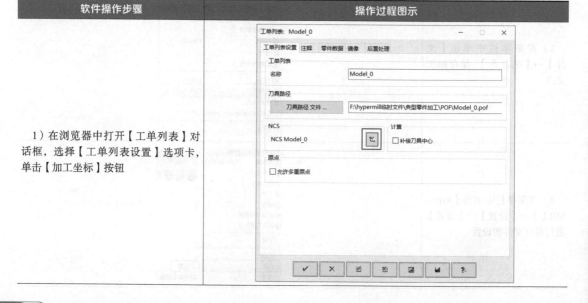
6）新建工单列表：在浏览器空白任意处右击，弹出快捷菜单，单击【新建】→【工单列表】	

3. 端面铣（表2-1-6）

表 2-1-6　端面铣操作步骤

软件操作步骤	操作过程图示
1）在浏览器中打开【工单列表】对话框，选择【工单列表设置】选项卡，单击【加工坐标】按钮	

（续）

软件操作步骤	操作过程图示
2）在【加工坐标定义】对话框的【定义】选项卡中，单击【移动】，将坐标系移动到编程原点，如图所示	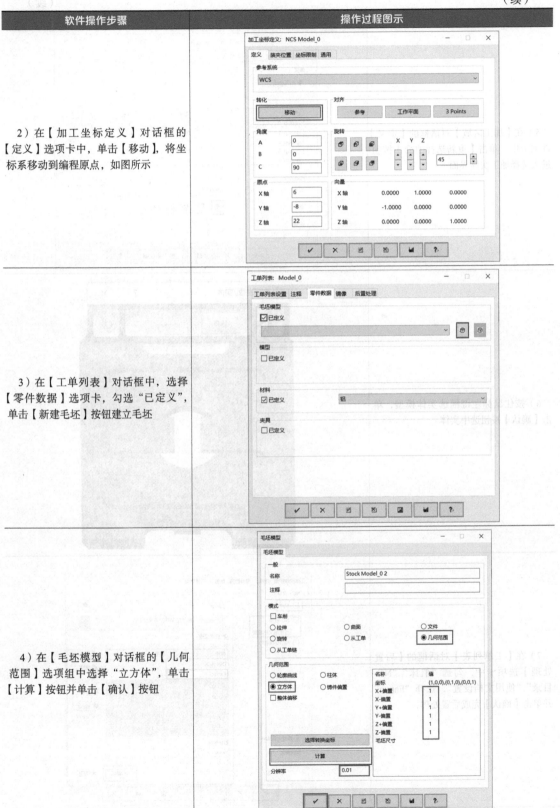
3）在【工单列表】对话框中，选择【零件数据】选项卡，勾选"已定义"，单击【新建毛坯】按钮建立毛坯	
4）在【毛坯模型】对话框的【几何范围】选项组中选择"立方体"，单击【计算】按钮并单击【确认】按钮	

（续）

软件操作步骤	操作过程图示
5）在【加工区域】对话框的【定义】选项卡中，单击【重新选择曲面】按钮进入选择加工实体界面	
6）按住鼠标左键框选实体模型，单击【确认】按钮选中实体	
7）在【工单列表】对话框的【后置处理】选项卡中，勾选"机床""NC-目录""使用文档设置"，选择"Fanuc"并单击【确认】完成后置处理	

（续）

软件操作步骤	操作过程图示
8）在浏览器任意区域右击，弹出快捷菜单，选择【新建】→【2D 铣削】→【端面加工】	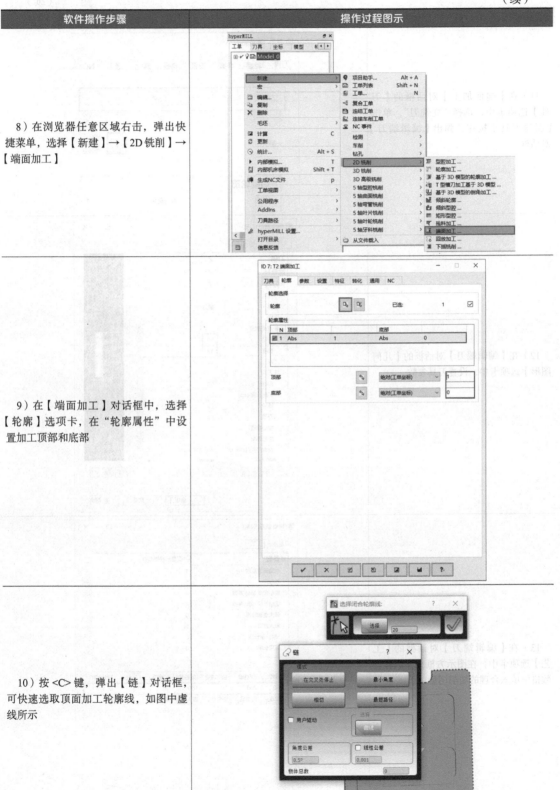
9）在【端面加工】对话框中，选择【轮廓】选项卡，在"轮廓属性"中设置加工顶部和底部	
10）按 <C> 键，弹出【链】对话框，可快速选取顶面加工轮廓线，如图中虚线所示	

（续）

软件操作步骤	操作过程图示
11）在【端面加工】对话框的【刀具】选项卡中，选择"立铣刀"，单击【新建刀具】按钮，弹出【编辑端刀】对话框	
12）在【编辑端刀】对话框的【几何图形】选项卡中，设置刀具参数	
13）在【编辑端刀】对话框的【工艺】选项卡中，在图示方框标注的各参数格中填入合理的切削用量	

（续）

软件操作步骤	操作过程图示
14）在【端面加工】对话框的【参数】选项卡中，如图示方框标注选择参数。参数设置时，在保证安全的情况下尽量设置为能提高加工效率的数值，设置好参数后单击【计算】按钮生成加工刀路	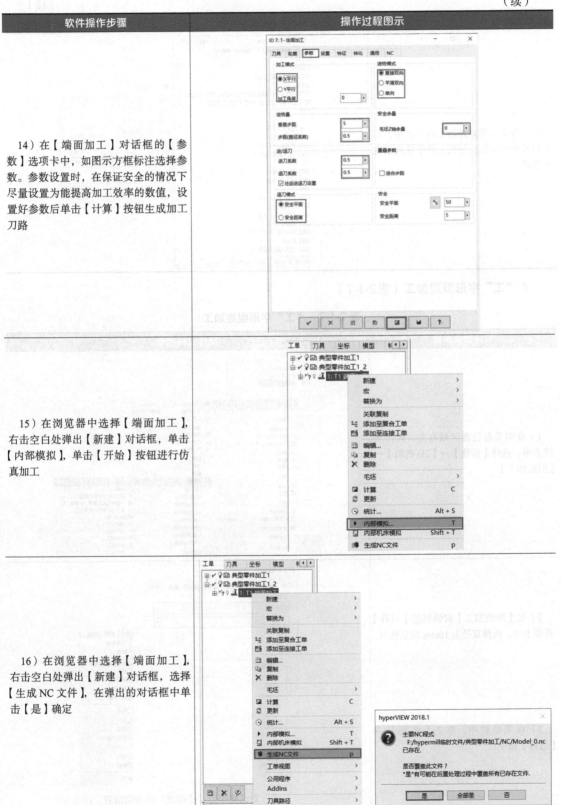
15）在浏览器中选择【端面加工】，右击空白处弹出【新建】对话框，单击【内部模拟】，单击【开始】按钮进行仿真加工	
16）在浏览器中选择【端面加工】，右击空白处弹出【新建】对话框，选择【生成 NC 文件】，在弹出的对话框中单击【是】确定	

（续）

软件操作步骤	操作过程图示
17）在【后置处理器】对话框中，双击打开图示方框标注的文件生成端面加工程序	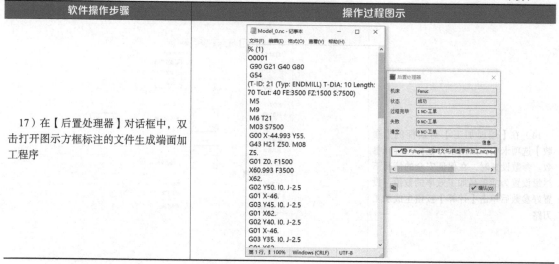

4.“工”字形型腔加工（表2-1-7）

表2-1-7　“工”字形型腔加工

软件操作步骤	操作过程图示
1）在浏览器任意区域右击，弹出快捷菜单，选择【新建】→【2D铣削】→【型腔加工】	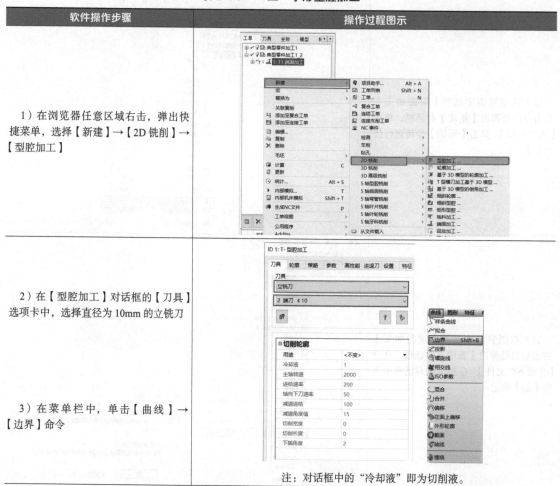
2）在【型腔加工】对话框的【刀具】选项卡中，选择直径为10mm的立铣刀	
3）在菜单栏中，单击【曲线】→【边界】命令	注：对话框中的“冷却液”即为切削液。

（续）

软件操作步骤	操作过程图示
4）在【边界】对话框中，选取型腔的加工边界线，如图所示	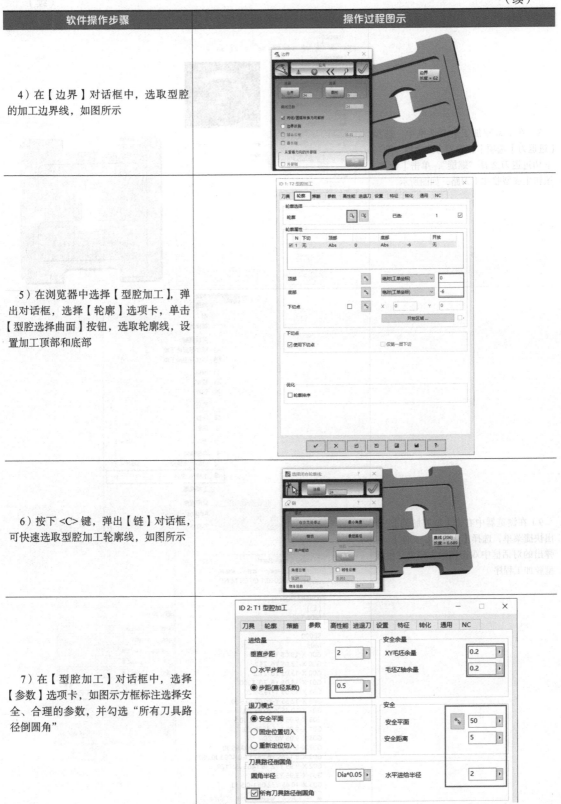
5）在浏览器中选择【型腔加工】，弹出对话框，选择【轮廓】选项卡，单击【型腔选择曲面】按钮，选取轮廓线，设置加工顶部和底部	
6）按下 \<C\> 键，弹出【链】对话框，可快速选取型腔加工轮廓线，如图所示	
7）在【型腔加工】对话框中，选择【参数】选项卡，如图示方框标注选择安全、合理的参数，并勾选"所有刀具路径倒圆角"	

（续）

软件操作步骤	操作过程图示
8）在【型腔加工】对话框中，选择【进退刀】选项卡，退刀方式选择"圆"，下切进退刀选择"螺旋"，单击【计算】按钮生成型腔加工刀路，如图所示	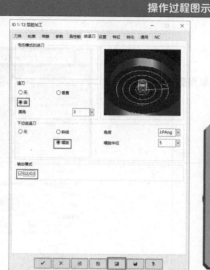 
9）在浏览器中右击【型腔加工】，弹出快捷菜单，选择【生成 NC 文件】。在弹出的对话框中双击图示方框处，生成型腔加工程序	 

（续）

软件操作步骤	操作过程图示
10）在浏览器任意区域右击，弹出快捷菜单，选择【新建】→【3D 铣削】→【3D Z 轴形状偏置精加工】	
11）在【3D Z 轴形状偏置精加工】对话框中，选择【刀具】选项卡，选择直径为 10mm 的立铣刀	
12）在【3D Z 轴形状偏置精加工】对话框中，选择【策略】选项卡，依次选中图示方框标注的加工策略	

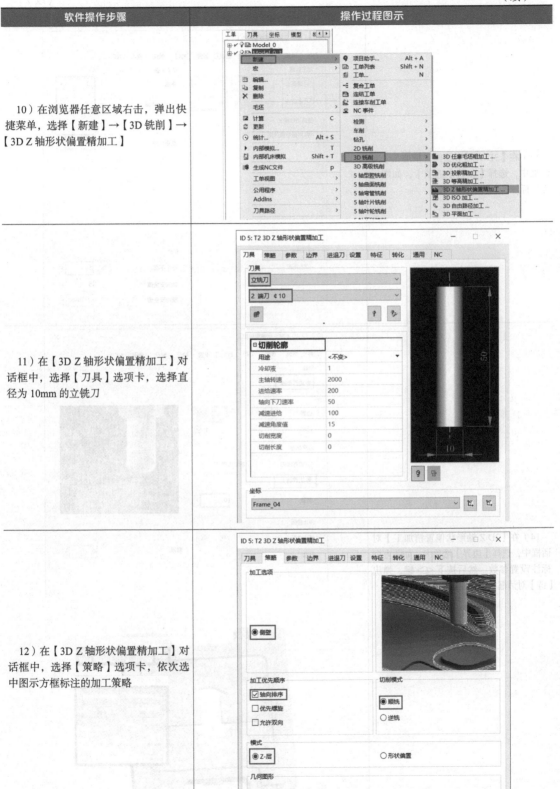

（续）

软件操作步骤	操作过程图示
13）在【3D Z 轴形状偏置精加工】对话框中，选择【参数】选项卡，如图示方框标注，选择合理参数	
14）在【3D Z 轴形状偏置精加工】对话框中，选择【边界】选项卡，如图方框标注设置参数。然后按下 <C> 键，弹出【链】对话框，可快速选取加工轮廓线	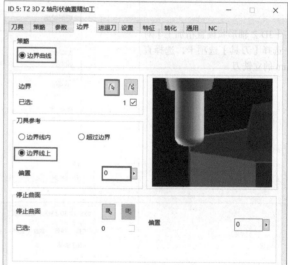 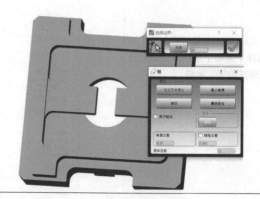

（续）

软件操作步骤	操作过程图示
15）在【3D Z 轴形状偏置精加工】对话框中，选择【进退刀】选项卡，按图示方框标注顺序设置参数	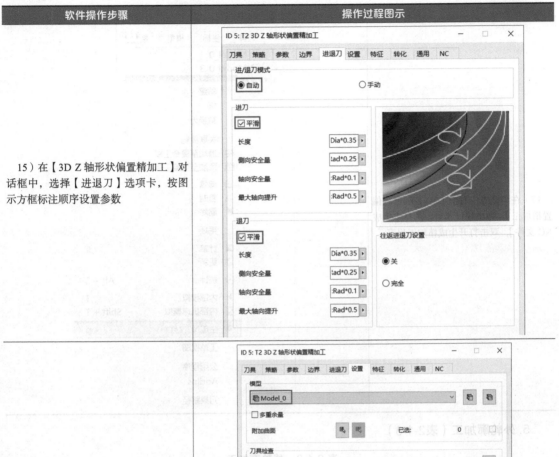
16）在【3D Z 轴形状偏置精加工】对话框中，选择【设置】选项卡，确认加工模型，单击【计算】按钮生成型腔精加工刀路，如图所示	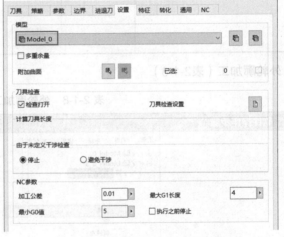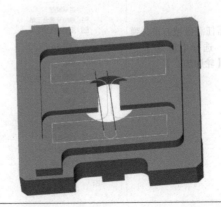

（续）

软件操作步骤	操作过程图示
17）在浏览器中右击【3D Z 轴形状偏置精加工】，弹出快捷菜单，选择【生成NC 文件】，双击打开生成精加工程序	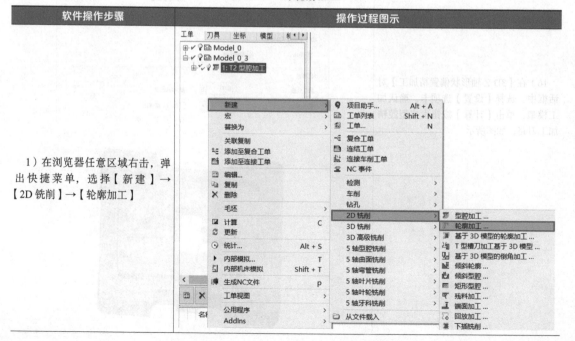

5. 外轮廓加工（表2-1-8）

表 2-1-8　外轮廓加工

软件操作步骤	操作过程图示
1）在浏览器任意区域右击，弹出快捷菜单，选择【新建】→【2D 铣削】→【轮廓加工】	

（续）

软件操作步骤	操作过程图示
2）在【轮廓加工】对话框中，选择【轮廓】选项卡，单击【轮廓选择曲线】按钮，弹出【选择轮廓】对话框，快速拾取加工轮廓线，单击【确认】按钮	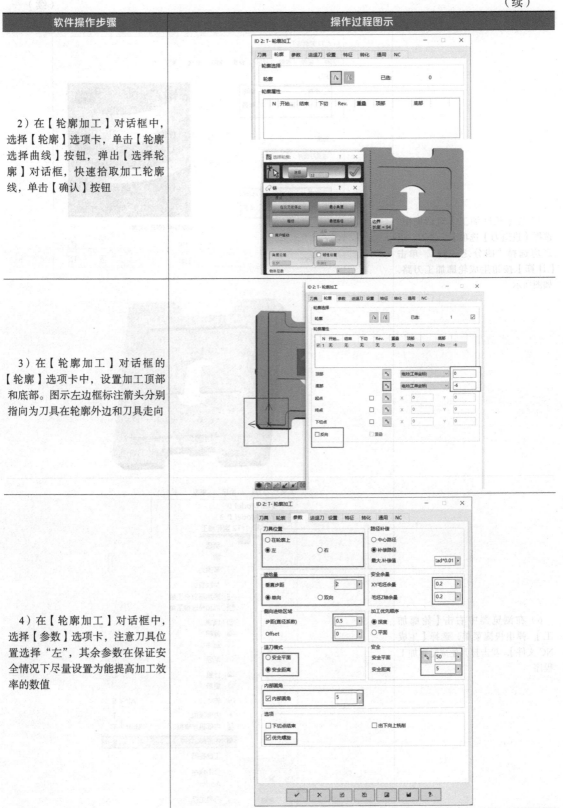
3）在【轮廓加工】对话框的【轮廓】选项卡中，设置加工顶部和底部。图示左边框标注箭头分别指向为刀具在轮廓外边和刀具走向	
4）在【轮廓加工】对话框中，选择【参数】选项卡，注意刀具位置选择"左"，其余参数在保证安全情况下尽量设置为能提高加工效率的数值	

（续）

软件操作步骤	操作过程图示
5）在【轮廓加工】对话框中，选择【进退刀】选项卡，进刀、退刀均选择"四分之一圆"，单击【计算】按钮生成轮廓加工刀路，如图所示	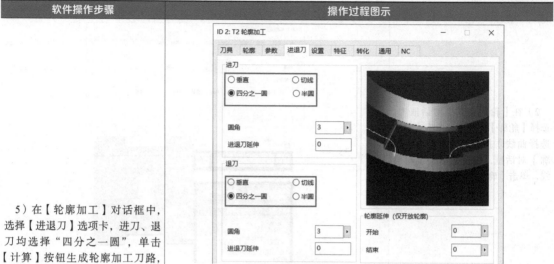 
6）在浏览器中右击【轮廓加工】，弹出快捷菜单，选择【生成NC文件】，双击打开生成轮廓加工程序	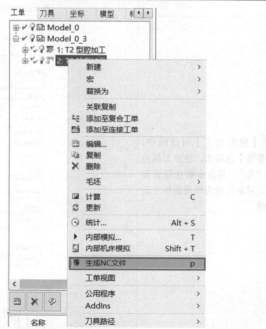

6. 模型轮廓加工（两侧凹槽，见表2-1-9）

表 2-1-9　模型轮廓加工（两侧凹槽）

软件操作步骤	操作过程图示
1）在浏览器任意区域右击，弹出快捷菜单，选择【新建】→【2D 铣削】→【基于 3D 模型的轮廓加工】	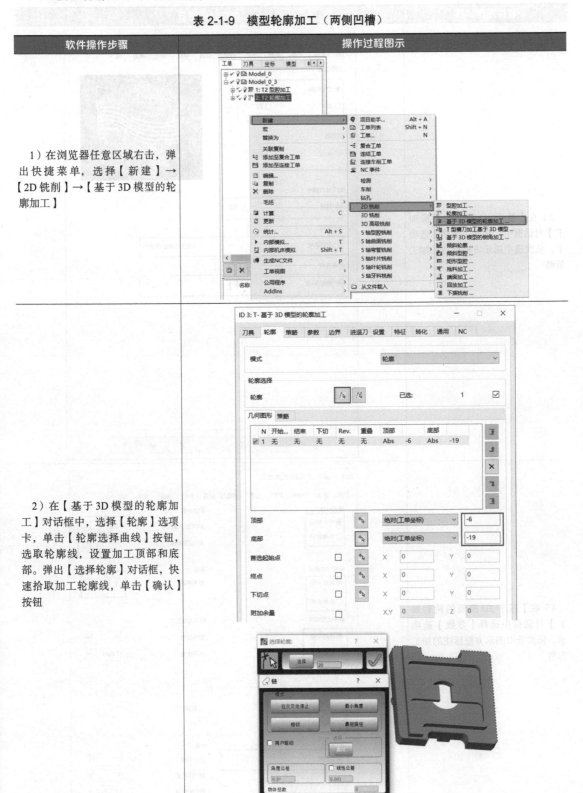
2）在【基于 3D 模型的轮廓加工】对话框中，选择【轮廓】选项卡，单击【轮廓选择曲线】按钮，选取轮廓线，设置加工顶部和底部。弹出【选择轮廓】对话框，快速拾取加工轮廓线，单击【确认】按钮	

（续）

软件操作步骤	操作过程图示
3）在【基于3D模型的轮廓加工】对话框中，选择【策略】选项卡，依次选中图示方框标注的加工策略	
4）在【基于3D模型的轮廓加工】对话框中选择【参数】选项卡，依次选中图示方框标注的加工参数	

（续）

软件操作步骤	操作过程图示
5）在【基于 3D 模型的轮廓加工】对话框中，选择【进退刀】选项卡，按图示方框标注默认自动或手动设置。单击【计算】按钮生成加工刀路，如图所示	
6）在浏览器中右击【基于 3D 模型的轮廓加工】，在弹出的快捷菜单中，选择【生成 NC 文件】，双击打开生成两侧凹槽加工程序	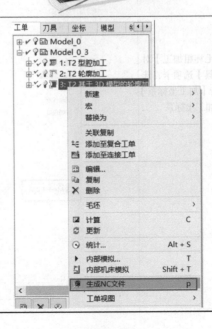

7. 高效率加工（任意毛坯粗加工，见表2-1-10）

表 2-1-10　高效率加工（任意毛坯粗加工）

软件操作步骤	操作过程图示
1）在浏览器任意区域右击，弹出快捷菜单，选择【新建】→【3D铣削】→【3D任意毛坯粗加工】	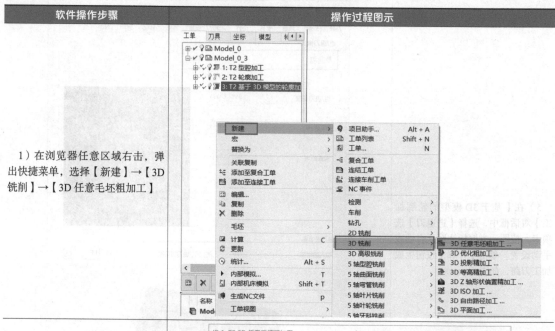
2）在【3D任意毛坯粗加工】对话框中，选择【刀具】选项卡，选择【立铣刀】。单击【加工坐标系】按钮，建立另一个加工坐标系	

（续）

软件操作步骤	操作过程图示
3）在【加工坐标定义】对话框中，移动加工坐标系到编程原点，如图所示	
4）在【3D任意毛坯粗加工】对话框中，选择【策略】选项卡，切削模式选择"顺铣"，其余设置为默认参数即可	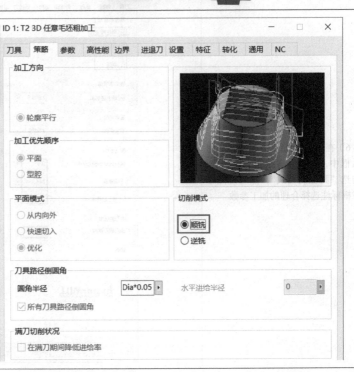

（续）

软件操作步骤	操作过程图示
5）在【3D 任意毛坯粗加工】对话框中，选择【参数】选项卡，垂直步距选择大于或等于最低点的绝对值，检测平面层选择"优化 - 全部"，如图所示	
6）在【3D 任意毛坯粗加工】对话框中，选择【高性能】选项卡，勾选"高性能模式"，然后按图示方框标注选择合理的加工参数	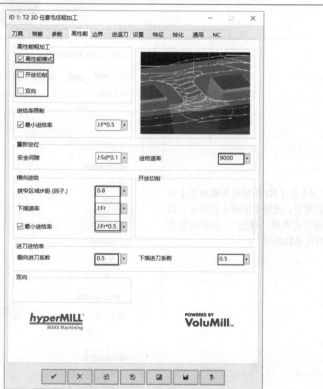

（续）

软件操作步骤	操作过程图示
7）在【3D 任意毛坯粗加工】对话框中，选择【设置】选项卡，选择毛坯模型，勾选"产生结果毛坯"，单击【计算】按钮，生成高效加工刀路，如图所示	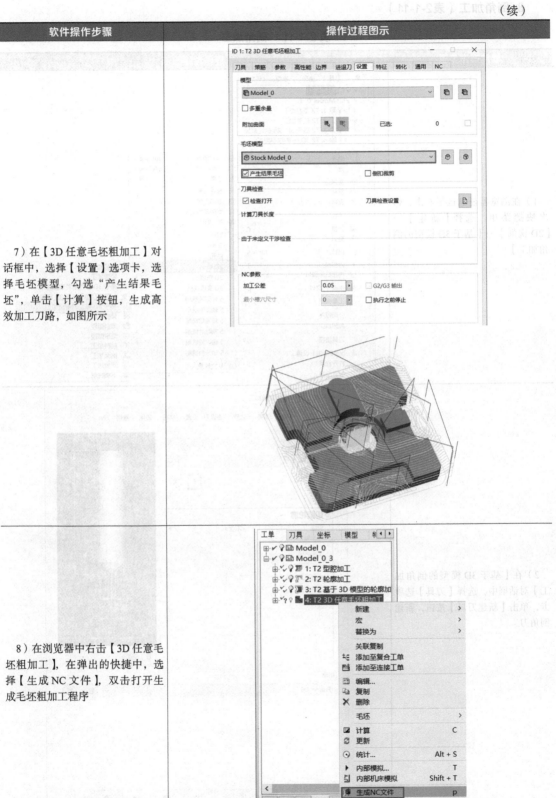
8）在浏览器中右击【3D 任意毛坯粗加工】，在弹出的快捷中，选择【生成 NC 文件】，双击打开生成毛坯粗加工程序	

8. 倒角加工（表2-1-11）

表 2-1-11 倒角加工

软件操作步骤	操作过程图示
1）在浏览器任意区域右击，弹出快捷菜单，选择【新建】→【2D铣削】→【基于3D模型的倒角加工】 2）在【基于3D模型的倒角加工】对话框中，选择【刀具】选项卡，单击【新建刀具】按钮，新建倒角刀	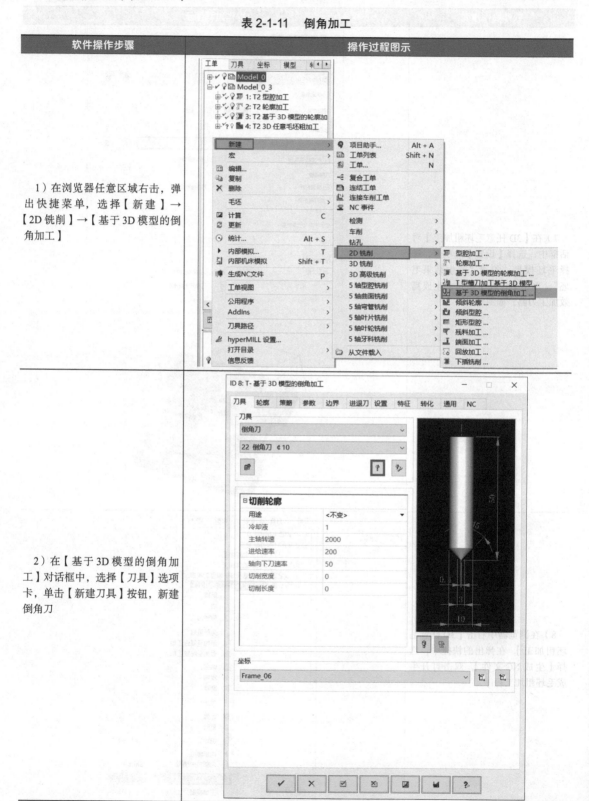

（续）

软件操作步骤	操作过程图示
3）在【编辑倒角刀】对话框中，选择【几何图形】选项卡，按图示方框标注设置合理的倒角刀参数	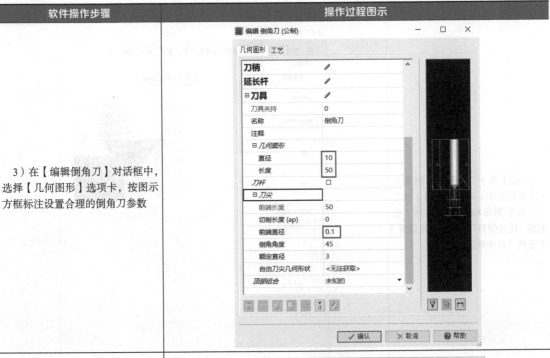
4）在【基于3D模型的倒角加工】对话框中，选择【轮廓】选项卡，单击【轮廓选择曲线】按钮，选取轮廓线，设置加工顶部和底部，锐边倒角 C0.3mm。弹出【选择轮廓】对话框，快速拾取加工轮廓线后，单击【确认】按钮	

（续）

软件操作步骤	操作过程图示
5）在【基于3D模型的倒角加工】对话框中，选择【策略】选项卡，在【倒角模式】中选择"去毛刺/锐边倒角"，在【刀具位置】中选择"自动顺铣"	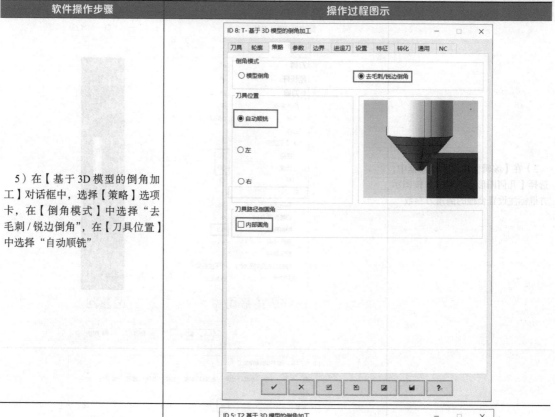
6）在【基于3D模型的倒角加工】对话框中，选择【参数】选项卡，在【路径补偿】中选择"中心路径"，在【倒角尺寸】中的【倒角高度】中填入"0.3"，在【进给模式】中选择"单一路径"，其余设置为默认参数	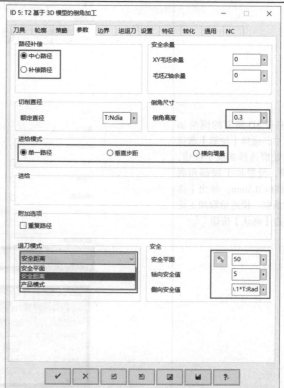

（续）

软件操作步骤	操作过程图示
7）在【基于 3D 模型的倒角加工】对话框中，选择【进退刀】选项卡，可选择自动或手动设置，单击【计算】按钮，生成倒角加工刀路，如图所示	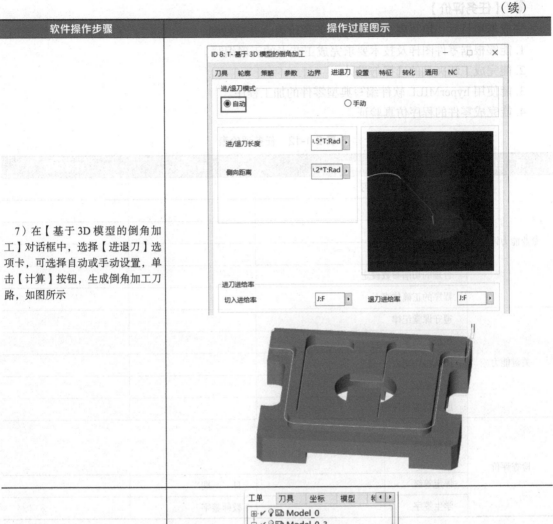
8）在浏览器中右击【基于 3D 模型的倒角加工】，在弹出的快捷菜单中，选择【生成 NC 文件】，双击打开生成倒角加工程序	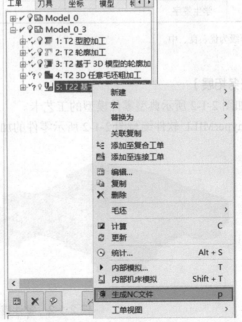

【任务评价】

完成本项目后，填写表 2-1-12 的任务评价表，并应做到：

1. 能够根据零件图样及技术要求完成工艺卡的正确编写。
2. 能完成工装夹具的选择与设计。
3. 能使用 hyperMILL 软件编写典型零件的加工程序。
4. 能完成零件的程序仿真验证。

表 2-1-12　任务评价表

项　目	任务内容	自　评	教师评价
专业能力评价	零件分析（课前预习）		
	工艺卡编写		
	夹具设计与选择		
	程序的编写		
	合理的切削参数设定		
	程序的正确仿真		
关键能力	遵守课堂纪律		
	积极主动学习		
	团队协作能力		
	安全意识		
	服从指挥和管理		
检查评价	教师评语		
	评定等级	日　　期	
	学生签字	教师签字	

注：评定等级为优、良、中。

【任务拓展】

1. 编写如图 2-1-2 所示典型零件模型的工艺卡。
2. 使用 hyperMILL 软件编写图 2-1-2 所示零件的加工程序，并且完成程序的仿真验证。

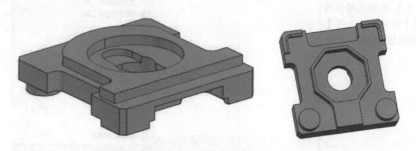

图 2-1-2　零件模型

项目二

模具凹模的加工

任意毛坯粗加工、等高精加工、投影精加工、ISO 曲面加工等都是 HyperMILL 软件的重要加工指令，广泛应用于曲面凸、凹模的粗、精加工。

【任务描述】

校办工厂接到加工 100 件模具凹模零件（见图 2-2-1）的任务，该零件的坯料为锻造型材（六面已经加工好的长方体 98mm×98mm×48mm），要求在一周内完成交付。

本项目教学学时为 8 学时，实操学时为 10 学时。

图 2-2-1　三维零件图

技术要求：

1. 零件材料为 40Gr，淬火硬度为 45HRC。
2. 型芯孔（ϕ10.8mm）对底面垂直度公差为 ϕ0.02mm。
3. 凸凹模配合后间隙均匀，位置度公差为 0.06mm。
4. 型腔注塑面抛光处理，表面粗糙度为 Ra0.4mm。

【任务目标】

1. 能对凹模零件进行工艺分析，并制订加工工艺路线。
2. 能对该零件进行夹具的选择与设计。
3. 能应用 hyperMILL 软件完成零件的自动编程、仿真加工和程序校验。
4. 掌握型腔类零件三轴加工的工艺特点。

5. 掌握 hyperMILL 软件的等高精加工、投影精加工、ISO 曲面加工等指令各项参数的设置及应用。

【任务分析】

认真读图，请填写以下空白处的内容：

零件材料为_____；加工数量为_____；零件表面热处理要求为_____；毛坯下料尺寸应为_____；选用的加工设备为_____；首件试切工时预估为_____；每个零件的批量加工工时预估为_____；几何公差要求有_____；
有公差要求的尺寸为_____
_____。

【任务实施】

一、加工工艺分析

加工工艺是指按照图样，将毛坯加工为形状、尺寸、表面精度和几何精度均合格的零件的全过程。加工工艺分析是工艺人员在加工前所需要做的工作，避免在加工过程中发生加工失误，造成经济损失。因此，加工工艺分析在生产组织过程中是非常重要且不可或缺的。模具凹模加工工艺分析见表 2-2-1。

表 2-2-1　模具凹模加工工艺分析

序号	项目	分析内容	备注
1	模具凹模零件图样分析	仔细读图，重点关注尺寸公差要求、表面粗糙度、几何公差与技术要求。查阅尺寸标注是否完整，标注是否正确	
2	模具凹模零件结构工艺分析	该零件工作核心部位为凹模型腔，表面粗糙度要求很高，为 $Ra0.4\mu m$，位置度公差要求较高	
3	加工刀具分析	根据零件的轮廓形状特征与材质特性，需要用到圆鼻铣刀、球头铣刀和钻头等	
4	选用夹具分析	根据模具凹模的结构特点与精度要求，可以选用通用夹具精密平口钳夹持	
5	切削用量分析	切削用量三要素，包括切削速度 v_c、进给量 f、背吃刀量 a_p；选择切削用量时要注意防止零件的加工变形，以及机床的刚度	
6	产品质量检测分析	型腔是零件的关键工作部位，该零件需准备以下辅助检测工具：三坐标测量仪（根据条件自定）、深度尺、游标卡尺、百分表	

分组讨论并上交解决方案：

1. 如何保证模具凹模型腔在公差范围内？

2. 除了以上参考的夹具方案外是否还有其他装夹方案，在保证几何精度和加工效率的情况下，请在表 2-2-2 中绘制其他装夹方案。

表 2-2-2　其他装夹方案

手动绘制零件装夹简图	简单描述

二、编制工艺卡

编制加工工艺卡需考虑本车间的设备条件，以及查阅机械加工工艺手册等参考资料，工艺卡见表 2-2-3。

表 2-2-3 工艺卡

零件名称		单位名称				第 页		共 页
毛坯类型		工艺设计人						
零件数量		工艺卡号						
材料		工艺装备 加工类别						
			切削参数					
工序号	工步	加工内容	刀具及材料	转速	进给速度	步距	切削深度	加工余量
图示								

三、设备、工具、量具、辅助准备

根据任务的加工要求，实施本任务需要的设备、辅助工量器具见表2-2-4。

表2-2-4　需要的设备、辅助工量器具

序号	名称	简图	型号/规格	数量	备注
1	五轴加工中心		机床行程： X500 Y450 Z400	1台	
2	圆鼻铣刀		根据工艺定	根据工艺定	
3	球头铣刀		根据工艺定	根据工艺定	
4	麻花钻		根据工艺定	根据工艺定	
5	精密平口钳		直径200mm	1台	

（续）

序号	名称	简图	型号/规格	数量	备注
6	游标卡尺		0.02mm	1把	
7	游标深度卡尺		0.01mm	1把	
8	百分表与表座		0.01mm	1套	
9	铣刀柄		BT40	6个	按每台加工中心配置
10	钻夹头		BT40	4个	按每台加工中心配置

四、hyperMILL 软件编程加工

1. hyperMILL加工环境设置

hyperMILL 加工模型分析、新建工单列表、新建刀具，设置见表2-2-5。

表 2-2-5　hyperMILL 加工环境设置

软件操作步骤	操作过程图示
1）在 Windows 系统中选择【开始】→【所有程序】→ hyperMILL 2020.1 命令，进入初始界面，如图所示	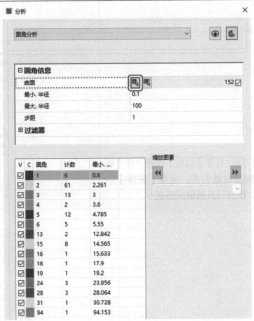
2）打开模型图：在菜单栏中单击【文件】，在弹出的下拉菜单中单击【打开】，弹出【打开】对话框，选择下载文件中的 example\Chap04\hyMILL\ 模具凹模 .igs 文件，单击【打开】按钮打开文件	
3）模型分析：在菜单栏中单击【hyper-MILL】，在弹出的下拉菜单中单击【工具】选项，在右侧扩展菜单中单击【分析】选项，弹出【分析】对话框	
4）在【分析】对话框中单击下拉箭头，选择"圆角分析"，在【圆角信息】中单击圆角中的数字 0，单击【曲面】选择图标，弹出曲面选择对话框，框选模型，选择对话框中显示【选择数量】，单击【确认】，弹出分析结果对话框	

（续）

软件操作步骤	操作过程图示
5）在【分析】对话框中单击【过滤器】左侧的"+号"，过滤掉【显示外凸半径】，分析结果对话框中显示凹圆弧半径信息，实体模型中以不同的颜色表示半径信息。根据分析结果选择刀具	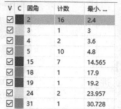 
6）新建工单列表：在菜单栏中单击【hyperMILL】，在弹出的下拉菜单中单击【项目助手】，弹出【项目助手】对话框	
7）在【项目助手】对话框中，【模型和流程】选项卡中可更改模型和加工类型，在【NCS方向】选项卡中可更改坐标轴方向，在【毛坯】选项卡中可更改毛坯尺寸，在【NCS位置】选项卡中可更改 NCS 工件坐标系位置，在【定向坐标】选项卡中可更改五轴加工定向位置，在【最终设置】选项卡中显示设置结果。单击【确认】按钮	
8）新建刀具：打开【刀具】视窗，在【铣刀】对话框空白处右击，选择【新建】→【圆鼻刀】，弹出刀具编辑对话框	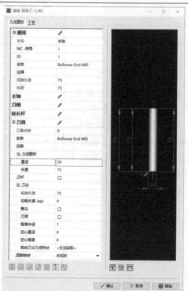

（续）

软件操作步骤	操作过程图示
9）在【几何图形】选项卡中依次修改"名称"为"D16R2"，修改"直径"为"16"，修改"角落半径"为"2"。选择【工艺】选项卡，根据设备、加工性质和材料等信息，修改切削用量，单击【确认】。依此步骤分别新建 D8R2、D6R1、D5R2、D4R2、D2R1 铣刀，ϕ10.8mm、ϕ6mm、ϕ4.8mm 钻头，ϕ3mm 中心钻	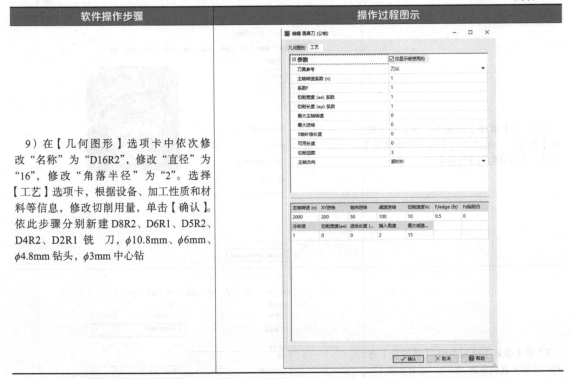

2. 模具凹模第一次粗加工（表2-2-6）

表 2-2-6　模具凹模第一次粗加工

软件操作步骤	操作过程图示
1）在工单列表空白处右击，弹出快捷菜单，选择【新建】→【3D 铣削】→【3D 优化粗加工】。在弹出的对话框【刀具】选项卡下，选择"圆鼻铣刀"→"D16R2"规格	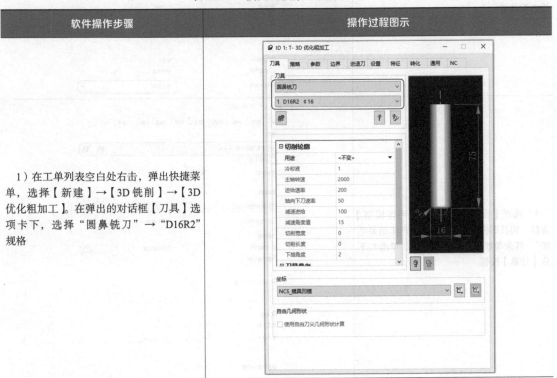

（续）

软件操作步骤	操作过程图示
2）选择【策略】选项卡，在【加工模式】中选择"粗加工"，【满刀切削状况】勾选"在满刀期间降低进给率"	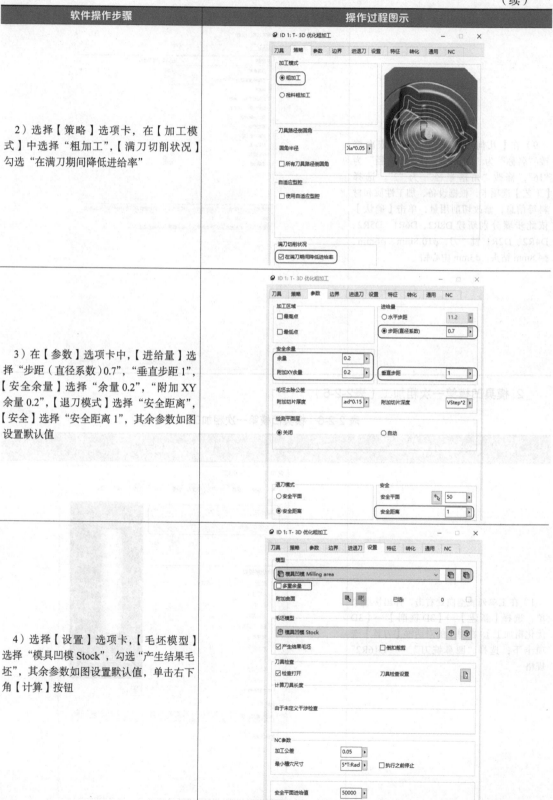
3）在【参数】选项卡中，【进给量】选择"步距（直径系数）0.7"，"垂直步距1"，【安全余量】选择"余量0.2"，"附加XY余量0.2"，【退刀模式】选择"安全距离"，【安全】选择"安全距离1"，其余参数如图设置默认值	
4）选择【设置】选项卡，【毛坯模型】选择"模具凹模Stock"，勾选"产生结果毛坯"，其余参数如图设置默认值，单击右下角【计算】按钮	

（续）

软件操作步骤	操作过程图示
5）软件开始计算刀路，计算结果如图所示	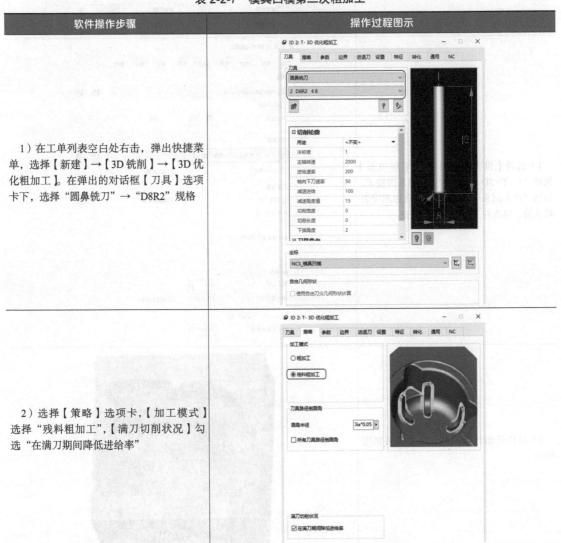

3. 模具凹模第二次粗加工（表2-2-7）

表 2-2-7　模具凹模第二次粗加工

软件操作步骤	操作过程图示
1）在工单列表空白处右击，弹出快捷菜单，选择【新建】→【3D 铣削】→【3D 优化粗加工】。在弹出的对话框【刀具】选项卡下，选择"圆鼻铣刀"→"D8R2"规格	
2）选择【策略】选项卡，【加工模式】选择"残料粗加工"，【满刀切削状况】勾选"在满刀期间降低进给率"	

（续）

软件操作步骤	操作过程图示
3）在【参数】选项卡中，【进给量】选择"步距（直径系数）0.7"，"垂直步距1"，【安全余量】选择"余量0.2"，"附加XY余量0.2"，【退刀模式】选择"安全距离"，【安全】选择"安全距离1"，其余参数如图设置默认值	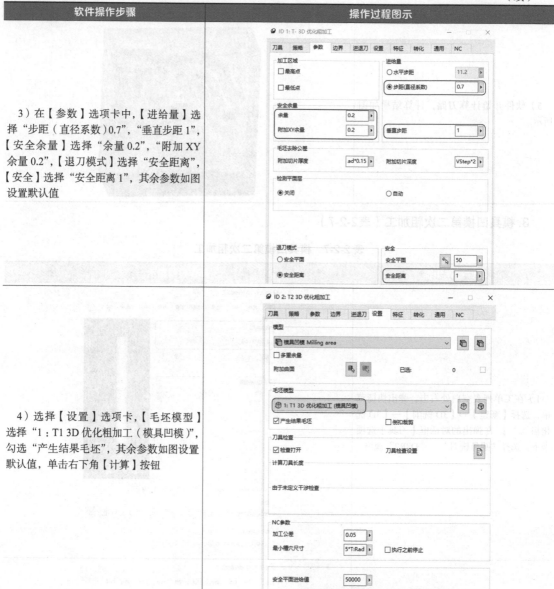
4）选择【设置】选项卡，【毛坯模型】选择"1：T1 3D优化粗加工（模具凹模）"，勾选"产生结果毛坯"，其余参数如图设置默认值，单击右下角【计算】按钮	
5）软件开始计算刀路，计算结果如图所示	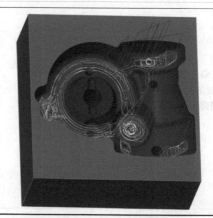

4. 模具凹模半精加工（表2-2-8）

表2-2-8 模具凹模半精加工

软件操作步骤	操作过程图示
1）做刀路前绘制曲面，将孔补平。在工单列表空白处右击，弹出快捷菜单，选择【新建】→【3D 高速铣削】→【3D 完全精加工】。在弹出的对话框【刀具】选项卡下，选择"圆鼻铣刀"→"D6R1"规格	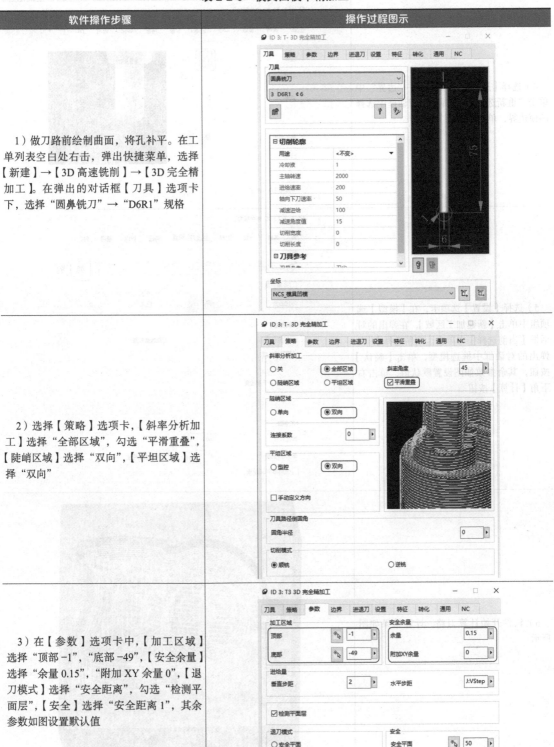
2）选择【策略】选项卡，【斜率分析加工】选择"全部区域"，勾选"平滑重叠"，【陡峭区域】选择"双向"，【平坦区域】选择"双向"	
3）在【参数】选项卡中，【加工区域】选择"顶部 -1"，"底部 -49"，【安全余量】选择"余量 0.15"，"附加 XY 余量 0"，【退刀模式】选择"安全距离"，勾选"检测平面层"，【安全】选择"安全距离 1"，其余参数如图设置默认值	

（续）

软件操作步骤	操作过程图示
4）选择【边界】选项卡，在"边界"中单击"重新选择"，在弹出的对话框中选择凹模边界，单击【确认】按钮	
5）选择【设置】选项卡，在【模型】选项组中单击【新建加工区域】，在弹出的对话框【当前选择】中单击【重新选择】，在弹出的对话框中框选模型，单击【确认】按钮，其余参数如图设置默认值，单击右下角【计算】按钮	
6）软件开始计算刀路，计算结果如图所示	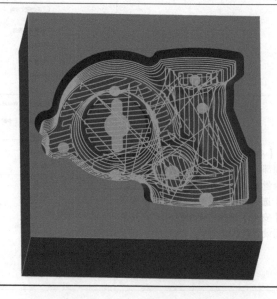

5. 模具凹模钻孔加工（表2-2-9）

表 2-2-9 模具凹模钻孔加工

软件操作步骤	操作过程图示
1）在【hyperMILL】对话框中打开【特征】视窗，在【特征列表】对话框空白处右击，选择【特征映射孔】，在弹出的对话框中单击【确认】，结果如图所示	
2）在生成的【特征孔】对话框中，框选全部通用孔，选择【新建带有特征的工单】→【钻孔】→【中心钻】	
3）在弹出的对话框【刀具】选项卡下，选择"钻头"→"中心钻"规格	

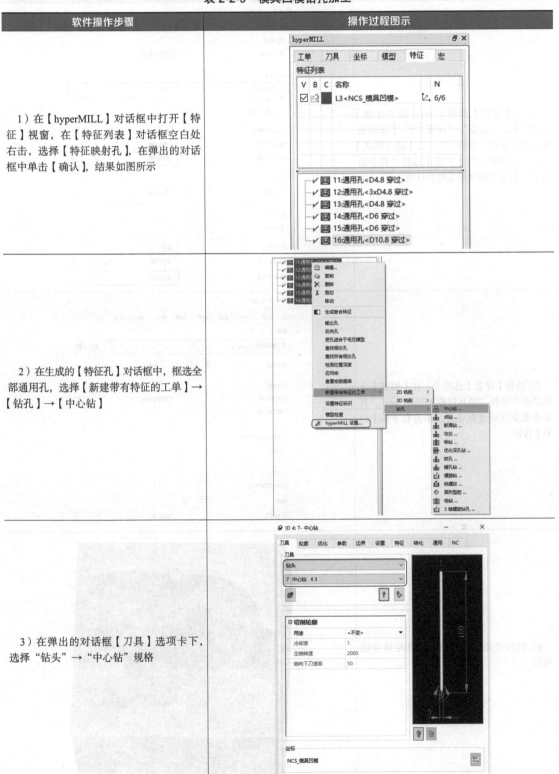

（续）

软件操作步骤	操作过程图示
4）在【参数】选项卡中，【加工深度】选择"关联于深度"，"深度1.5"，【顶部偏置模式】选择"顶部偏置2"，【退刀模式】选择"安全距离"，【安全】选择"安全距离1"，其余参数如图设置默认值	
5）选择【设置】选项卡，在【模型】下拉菜单中选择"模具凹模 Milling area"，其余参数如图设置默认值，单击右下角【计算】按钮	
6）软件开始计算刀路，计算结果如图所示	

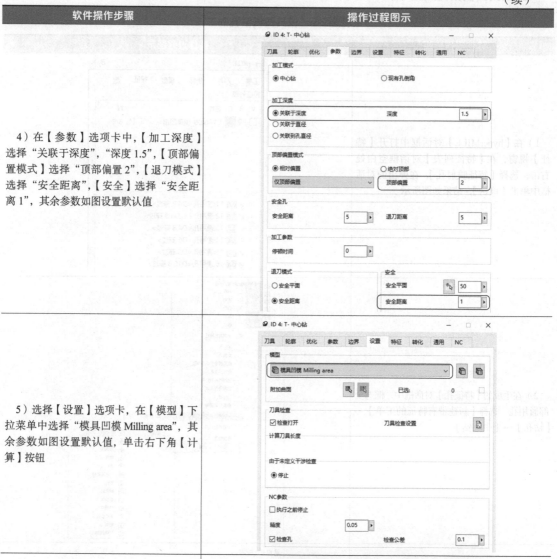

（续）

软件操作步骤	操作过程图示
7）其余孔加工选择【啄钻】，在【参数】选项卡中设置"穿透深度"，其余参数设置类同，在此不予赘述。最终结果如图所示	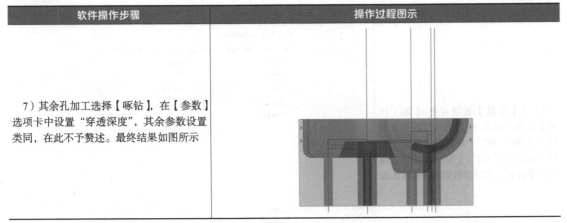

6. 模具凹模型腔侧壁精加工（表2-2-10）

表 2-2-10　模具凹模型腔侧壁精加工

软件操作步骤	操作过程图示
1）在工单列表空白处右击，弹出快捷菜单，选择【新建】→【3D铣削】→【3D Z轴形状偏置精加工】。在弹出的对话框【刀具】选项卡下，选择"圆鼻刀"→"1圆鼻刀ϕ6"规格	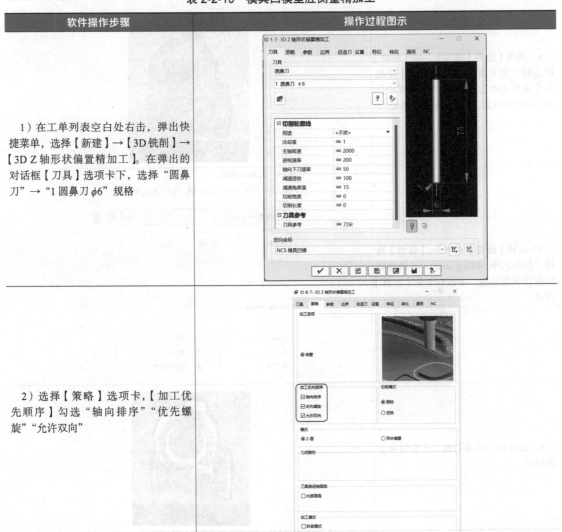
2）选择【策略】选项卡，【加工优先顺序】勾选"轴向排序""优先螺旋""允许双向"	

（续）

软件操作步骤	操作过程图示
3）在【参数】选项卡中，【加工区域】勾选"最低点"，填入型腔平面最低点坐标"−30"，【垂直进给模式】选择"垂直步距0.2"，【安全】选择"轴向安全值1"，其余参数如图设置默认值	
4）选择【边界】选项卡，在【策略】中选择"加工面"，在【加工面】中单击【重新选择】，在弹出的对话框中选择如图所示曲面，单击【确认】按钮	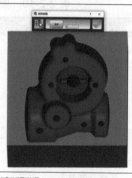
5）选择【设置】选项卡，【模型】选择"模具凹模 Milling area"，其余参数如图设置默认值，单击右下角【计算】按钮	
6）软件开始计算刀路，计算结果如图所示	

7. 模具凹模精加工R角（表2-2-11）

表 2-2-11　模具凹模精加工 R 角

软件操作步骤	操作过程图示
1）在工单列表空白处右击，弹出快捷菜单，选择【新建】→【3D 铣削】→【3D ISO加工】。在弹出的对话框【刀具】选项卡下，选择"圆鼻铣刀"→"D4R2"规格	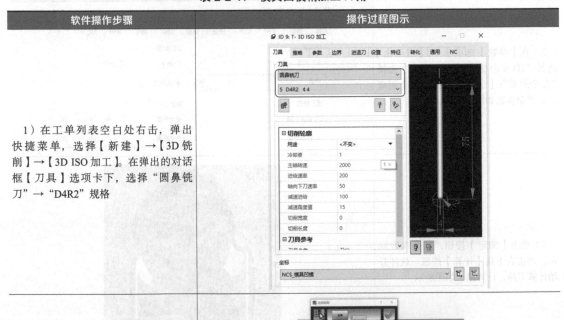
2）选择【策略】选项卡，【策略】选择"整体定位"，单击"曲面"右侧【重新选择】按钮，选择如图所示曲面，【加工方向】选择"流线"，【进给模式】选择"平滑双向"，勾选"优先螺旋"	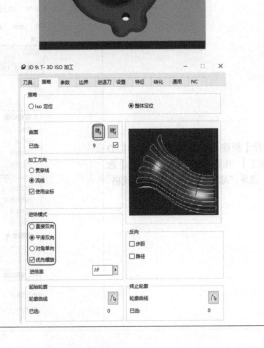

（续）

软件操作步骤	操作过程图示
3）在【参数】选项卡中，【进给量】选择"3D步距0.2"，【退刀模式】选择"安全距离"，【安全】选择"安全距离1"，其余参数如图设置默认值	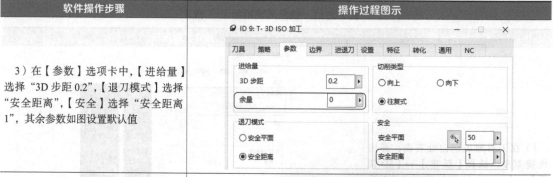
4）单击【确定】按钮，其余参数默认，单击右下角【计算】按钮。软件开始计算刀路，计算结果如图所示	

8. 模具凹模曲面投影精加工（表2-2-12）

表2-2-12　模具凹模曲面投影精加工

软件操作步骤	操作过程图示
1）选择【新建】→【3D铣削】→【3D投影精加工】。在弹出的对话框【刀具】选项卡下，选择"球头刀"→"D4R2"规格	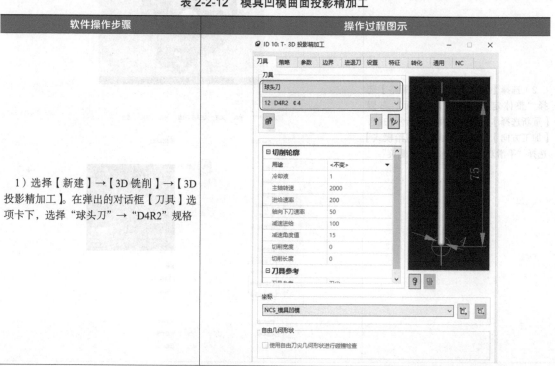

（续）

软件操作步骤	操作过程图示
2）选择【边界】选项卡，在【策略】中选择"加工面"，单击【重新选择】，在弹出的对话框中选择如图所示凹模未精加工曲面，单击【确认】按钮	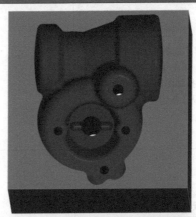
3）其余参数默认，单击右下角【计算】按钮。软件开始计算刀路，计算结果如图所示	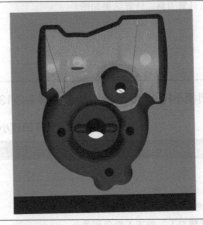
4）选择【新建】→【3D铣削】→【3D投影精加工】。在弹出的对话框【刀具】选项卡下，选择"圆鼻铣刀"→"D6R1"规格	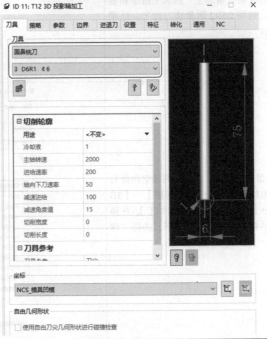

（续）

软件操作步骤	操作过程图示
5）选择【边界】选项卡，在【策略】中选择"加工面"，单击【重新选择】，在弹出的对话框中选择如图所示凹模未精加工平面，单击【确认】按钮	
6）其余参数默认，单击右下角【计算】按钮。软件开始计算刀路，计算结果如图所示	

9. 模具凹模小R角和U型槽精加工（表2-2-13）

表2-2-13　模具凹模小R角和U型槽精加工

软件操作步骤	操作过程图示
1）凹模小R角精加工：按照工序6"模具凹模型腔侧壁精加工"的加工指令和参数选择，选用D8R2圆鼻铣刀加工，结果如图所示	
2）U型槽精加工：在工单列表空白处右击，弹出快捷菜单，选择【新建】→【3D铣削】→【3D Z轴形状偏置精加工】。在弹出的对话框【刀具】选项卡下，选择"球头刀"→"球刀_2"规格	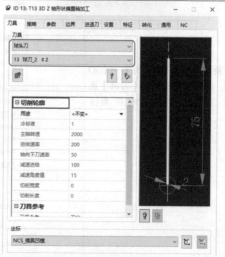

（续）

软件操作步骤	操作过程图示
3）选择【策略】选项卡，【加工优先顺序】勾选"轴向排序""优先螺旋""允许双向"	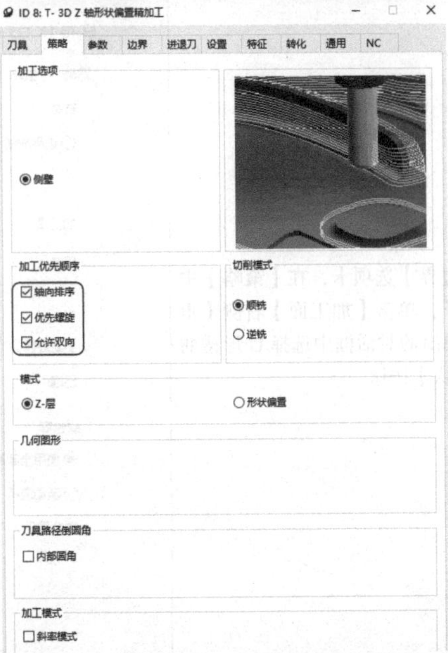
4）在【参数】选项卡中，【垂直进给模式】选择"垂直步距0.1"，其余参数如图设置默认值	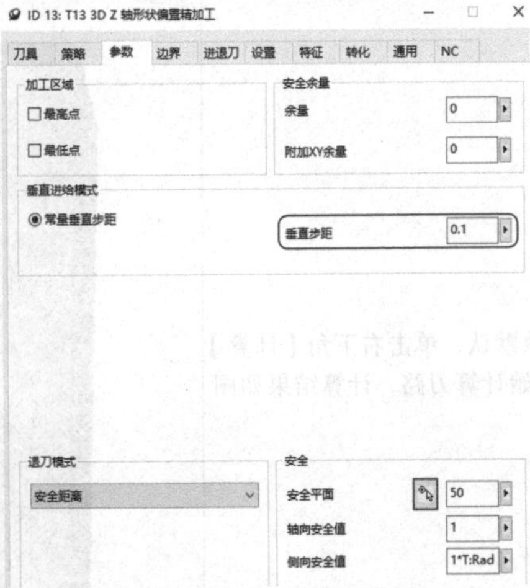
5）选择【设置】选项卡，【模型】选择"模具凹模 Milling area"，其余参数如图设置默认值，单击右下角【计算】按钮	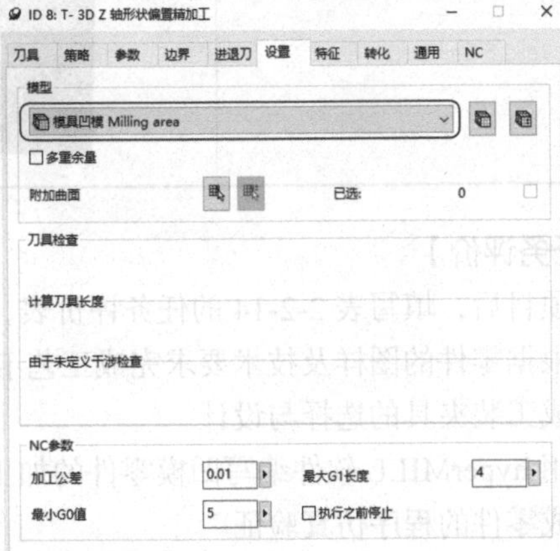

（续）

软件操作步骤	操作过程图示
6）选择【边界】选项卡，在【策略】中选择"加工面"，单击【加工面】右侧【重新选择】，在弹出的对话框中选择 U 形槽曲面，单击【确认】按钮	
7）其余参数默认，单击右下角【计算】按钮。软件开始计算刀路，计算结果如图所示	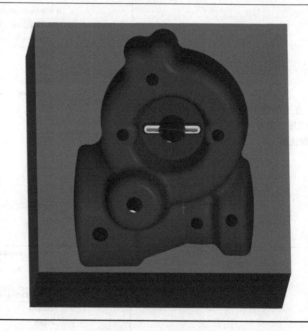

【任务评价】

完成本项目后，填写表 2-2-14 的任务评价表，并应做到：

1. 能够根据零件的图样及技术要求完成工艺卡的正确编写。
2. 能完成工装夹具的选择与设计。
3. 能使用 hyperMILL 软件编写凹模零件的加工程序。
4. 能完成零件的程序仿真验证。

表 2-2-14　任务评价表

项　目	任务内容	自　评	教师评价
专业能力评价	零件分析（课前预习）		
	工艺卡编写		
	夹具设计与选择		
	程序的编写		
	合理的切削参数设定		
	程序的正确仿真		
关键能力	遵守课堂纪律		
	积极主动学习		
	团队协作能力		
	安全意识		
	服从指挥和管理		
检查评价	教师评语		
	评定等级	日　期	
	学生签字	教师签字	

注：评定等级为优、良、中。

【任务拓展】

1. 编写图 2-2-2 所示典型零件模型的工艺卡。

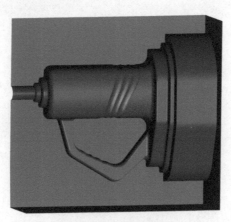

图 2-2-2　零件模型

2. 使用 hyperMILL 软件编写图 2-2-2 所示零件的加工程序，并且完成程序的仿真验证。

模块三

四轴联动加工

通过本模块的学习，掌握四轴联动加工的概念及原理，掌握四轴联动加工的刀轴控制方式、联动加工策略的编程技巧和设置方法。学习完本模块可以轻松实现定向加工到四轴联动加工的转换。

项目

凸轮零件加工

四轴联动加工方式在凸轮零件加工中占有相当大的比例，特别在汽车零件领域，一般的凸轮类零件都可以通过四轴联动加工方式来完成加工，所以能够合理运用四轴联动程序进行凸轮加工尤为重要。

【任务描述】

校办工厂接到加工 100 件凸轮零件（见图 3-1-1）的任务，该零件的毛坯图如图 3-1-2 所示。要求在一周内完成交付。

本项目教学学时为 8 学时，实操学时为 8 学时。

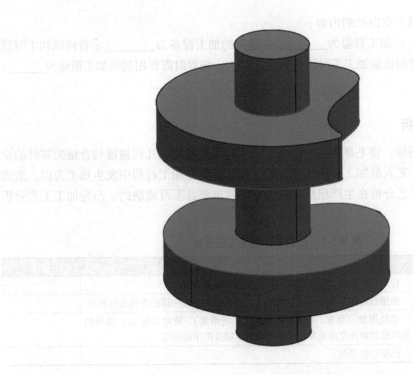

图 3-1-1　零件三维结构图

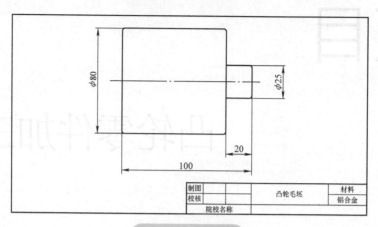

图 3-1-2　毛坯图

【任务目标】

1. 能对凸轮零件进行工艺分析，并制订加工工艺路线。
2. 能对该零件进行夹具的选择与设计。
3. 了解 hyperMILL 软件的 5X 轮廓加工、5X ISO 端面加工、5X 单线侧刃加工的使用方法。
4. 掌握四轴加工的坐标系设定方法。
5. 掌握 ISO 参数曲线设定方法。

【任务分析】

分析任务，请填写以下空白处的内容：

零件材料为＿＿＿＿＿；加工数量为＿＿＿＿＿；选用的加工设备为＿＿＿＿＿；首件试切工时预估为＿＿＿＿＿；每个零件的批量加工工时预估为＿＿＿＿＿；编程时需要用到的加工策略为＿＿＿＿。

【任务实施】

一、加工工艺分析

加工工艺是指按照图样，将毛坯加工为形状、尺寸、表面精度和几何精度均合格的零件的全过程。加工工艺分析是工艺人员加工前所需要做的工作，避免在加工过程中发生加工失误，造成经济损失。因此，加工工艺分析在生产组织过程中是非常重要且不可或缺的。凸轮加工工艺分析见表 3-1-1。

表 3-1-1　凸轮零件加工工艺分析

序号	项目	分析内容	备注
1	凸轮零件模型分析	仔细分析模型，选择加工刀具为立铣刀和球头刀	
2	选用夹具分析	根据凸轮的结构特点与精度要求，可以选用一夹一顶的方式进行装夹	
3	切削用量分析	切削用量三要素，包括切削速度 v_c、进给量 f、背吃刀量 a_p；选择切削用量时要注意防止零件的加工变形，以及机床的刚度	
4	产品质量检测分析	凸轮功能部位	

二、编制工艺卡

编制加工工艺卡需考虑本车间的设备条件，以及查阅机械加工工艺手册等参考资料，参考工艺卡见表 3-1-2。

表 3-1-2　工艺卡

零件名称		单位名称		零件数量		材料		第　页	共　页
毛坯类型		工艺设计人		工艺卡号					
图示		工艺装备 加工类别		刀具及材料					
工序号	工步	加工内容	刀具及材料	转速	进给速度	切削参数 步距	切削深度	加工余量	

三、设备、工具、量具、辅助准备

根据任务的加工要求，实施本任务需要的设备、辅助工量器具见表 3-1-3。

表 3-1-3　需要的设备、辅助工量器具

序号	名称	简图	型号/规格	数量	备注
1	四轴加工中心		机床行程： X850mm Y550mm Z500mm	1台	
2	铣刀		根据工艺定	根据工艺定	
3	自定心卡盘		直径 200mm	1个	
4	游标卡尺		0.02mm	1把	
5	游标深度卡尺		0.01mm	1把	
6	百分表与表座		0.01mm	1套	

（续）

序号	名称	简图	型号／规格	数量	备注
7	铣刀柄	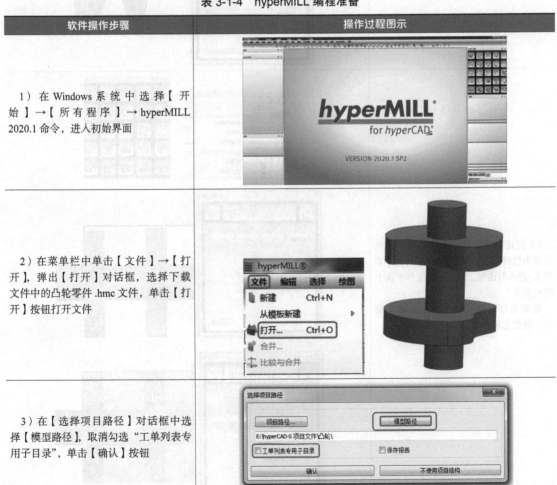	BT40	3个	按每台加工中心配置

四、hyperMILL 软件编程加工

1. hyperMILL 编程准备

hyperMILL 编程准备包括启动软件、导入模型、选择项目路径，以及创建毛坯、避让面、加工边界，设置坐标系、夹具，见表3-1-4。

表 3-1-4　hyperMILL 编程准备

软件操作步骤	操作过程图示
1）在 Windows 系统中选择【开始】→【所有程序】→ hyperMILL 2020.1 命令，进入初始界面	
2）在菜单栏中单击【文件】→【打开】，弹出【打开】对话框，选择下载文件中的凸轮零件 .hmc 文件，单击【打开】按钮打开文件	
3）在【选择项目路径】对话框中选择【模型路径】，取消勾选"工单列表专用子目录"，单击【确认】按钮	

（续）

软件操作步骤	操作过程图示
4）将 WCS 坐标系定向在零件左侧端面中心：选择【工作平面】→【在面上】，单击零件左侧端面，双击坐标系，绕 Y 轴旋转 90°，将 X 方向与轴线方向重合，单击右上角【√】确认退出	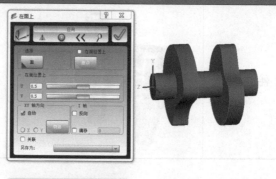 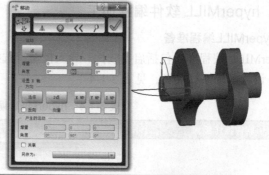
5）创建加工毛坯：新建毛坯图层并设置为当前图层，单击 CAD 工具的【草图】，进入对话框，启动捕捉工作平面上的投影点 绘制毛坯轮廓线，单击【旋转】命令，创建毛坯实体	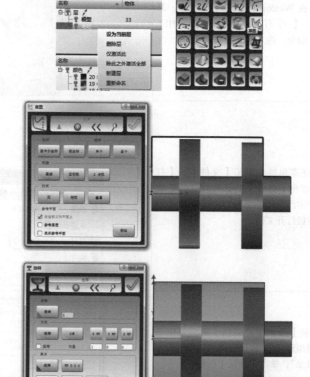

（续）

软件操作步骤	操作过程图示
6）创建夹具：新建夹具图层并设置为当前图层，单击CAD工具的【草图】，进入对话框，启动捕捉工作平面上的投影点 绘制自定心卡盘轮廓线，单击【旋转】命令，创建夹具实体。单击菜单栏中的【编辑】，选择【移动/复制】，将夹具调整为6mm的装夹位置	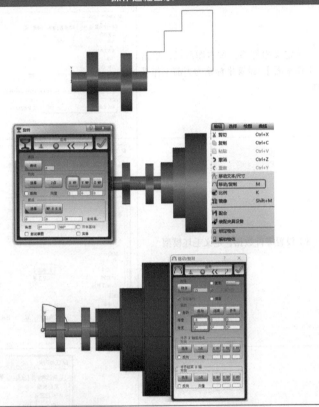
7）创建避让面：新建避让面图层并设置为当前图层，单击CAD工具的【线性扫描】命令，捕捉零件左侧端面线框圆，高度设置为"15"，生成避让面，单击【√】确定	

2. 创建工单列表

创建工单列表包括定义坐标系、零件数据，见表3-1-5。

表3-1-5　创建工单列表

软件操作步骤	操作过程图示
1）新建工单列表：在工单列表窗口中，右击【新建】→【工单列表】	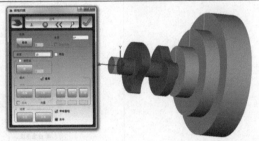

（续）

软件操作步骤	操作过程图示
2）定义坐标系，按右图所示，单击【工作平面】，设置坐标系为当前工作平面	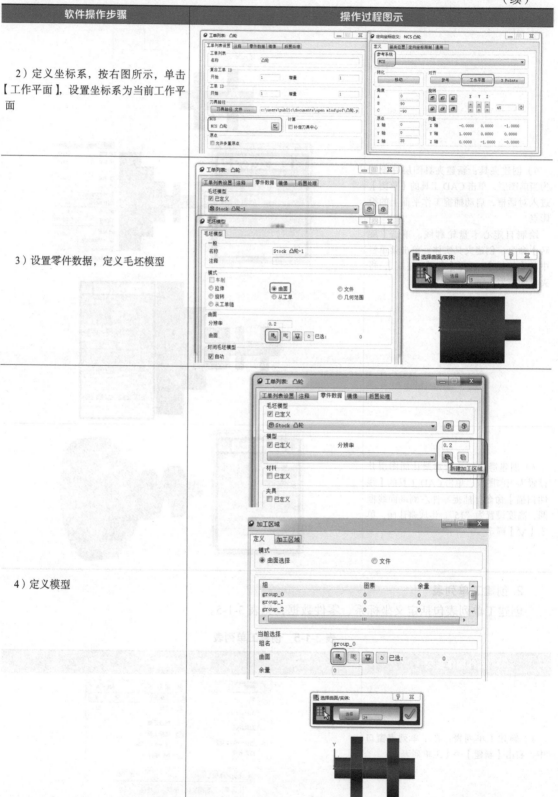
3）设置零件数据，定义毛坯模型	
4）定义模型	

（续）

软件操作步骤	操作过程图示
5）定义夹具	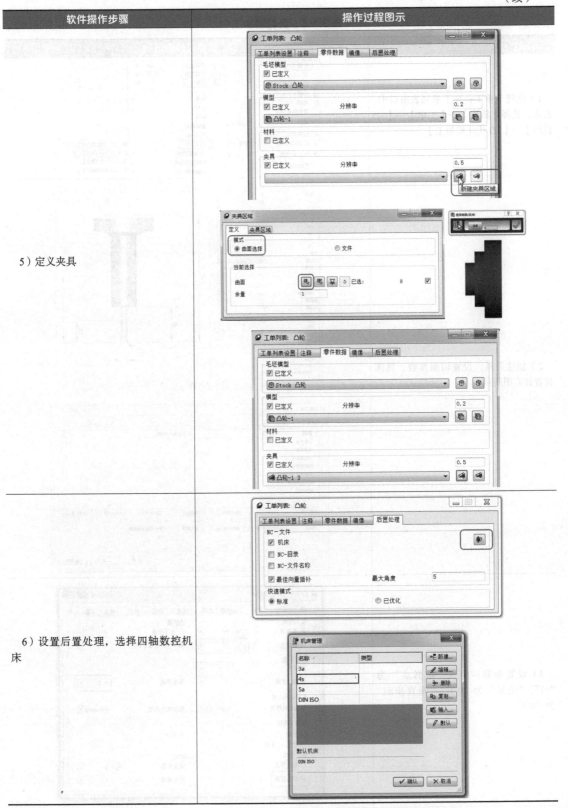
6）设置后置处理，选择四轴数控机床	

3. 凸轮粗加工-1（表3-1-6）

表 3-1-6　凸轮粗加工 -1

软件操作步骤	操作过程图示
1）创建工单 1：在工单列表窗口中，右击，选择【新建】→【工单】→【3D铣削】→【3D 优化粗加工】 2）创建刀具，设置切削参数，具体设置如右图所示 3）设置参数：定义"最低点"为"-1"，"余量"为"0.3"，"垂直步距"为"0.5"	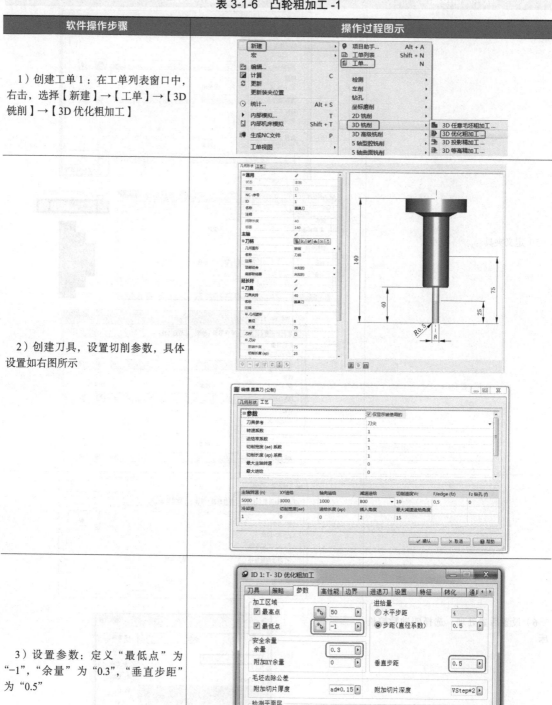

（续）

软件操作步骤	操作过程图示
4）选择边界，设置【刀具参考】为"边界线内"	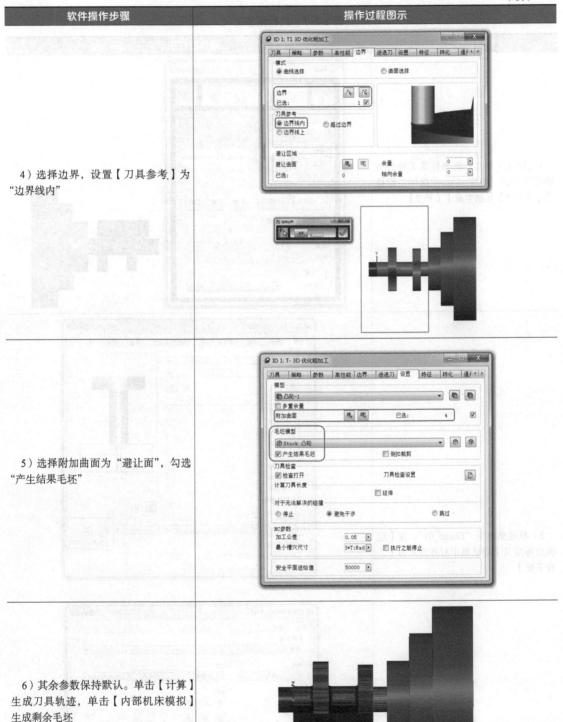
5）选择附加曲面为"避让面"，勾选"产生结果毛坯"	
6）其余参数保持默认。单击【计算】生成刀具轨迹，单击【内部机床模拟】生成剩余毛坯	

4. 凸轮粗加工-2（表3-1-7）

表 3-1-7　凸轮粗加工 -2

软件操作步骤	操作过程图示
1）创建工单 2：将坐标系 Z 轴绕 X 轴旋转 180°，按住 <Ctrl>+ 鼠标左键拖动【工单 1】复制生成【工单 2】	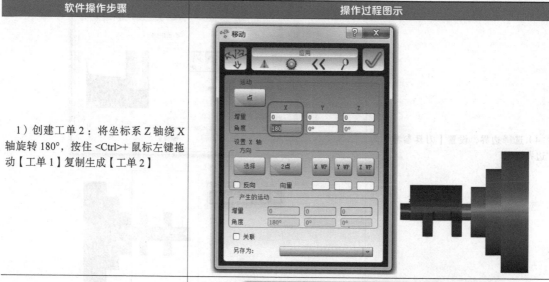
2）新建坐标系"Frame_01"，在【定向坐标定义】对话框中对齐方式为【工作平面】	

（续）

软件操作步骤	操作过程图示
3）修改毛坯模型为【工单1】加工产生的毛坯	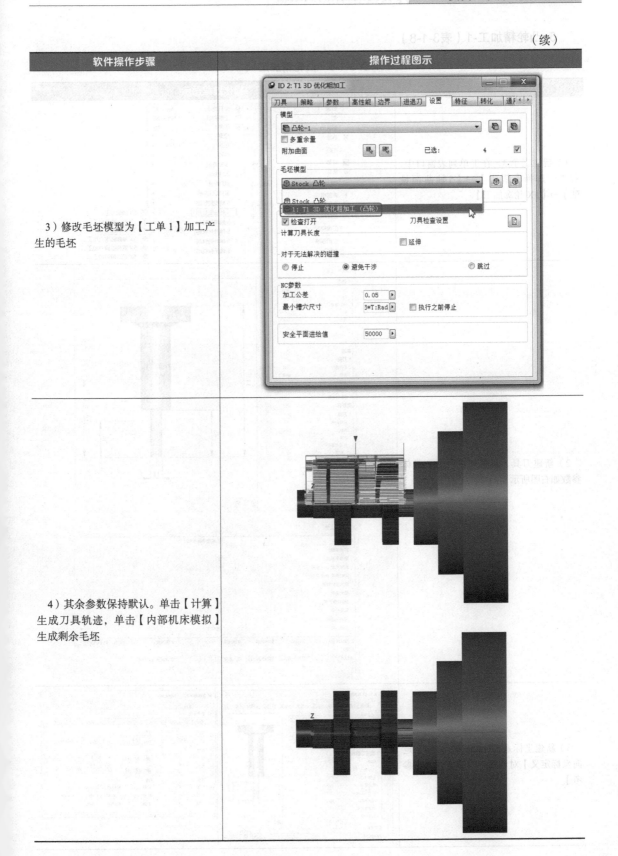
4）其余参数保持默认。单击【计算】生成刀具轨迹，单击【内部机床模拟】生成剩余毛坯	

5. 凸轮精加工-1（表3-1-8）

表 3-1-8　凸轮精加工 -1

软件操作步骤	操作过程图示
1）新建工单 3，在工单列表窗口中，右击，选择【新建】→【5 轴曲面铣削】→【5X 轮廓加工】	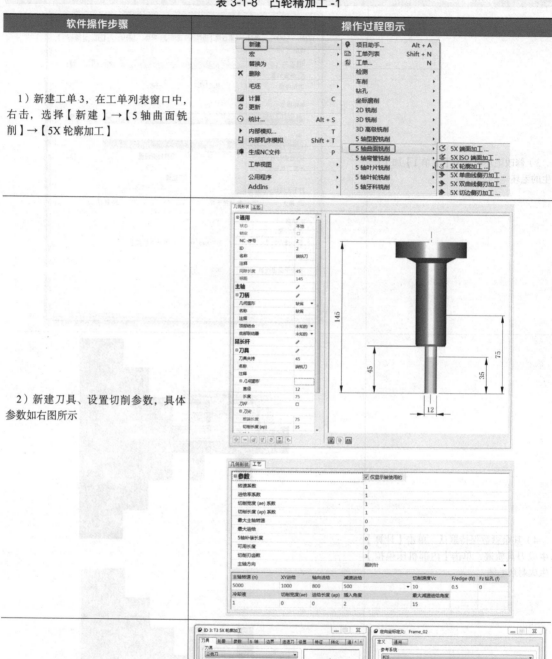
2）新建刀具、设置切削参数，具体参数如右图所示	
3）新建坐标系 "Frame_02"，在【定向坐标定义】对话框中对齐方式为【参考】	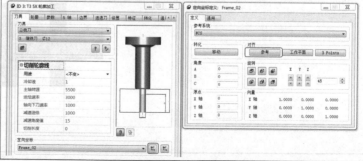

（续）

软件操作步骤	操作过程图示
4）创建轮廓线。注意：如果 U 向不行，则抽取 V 向	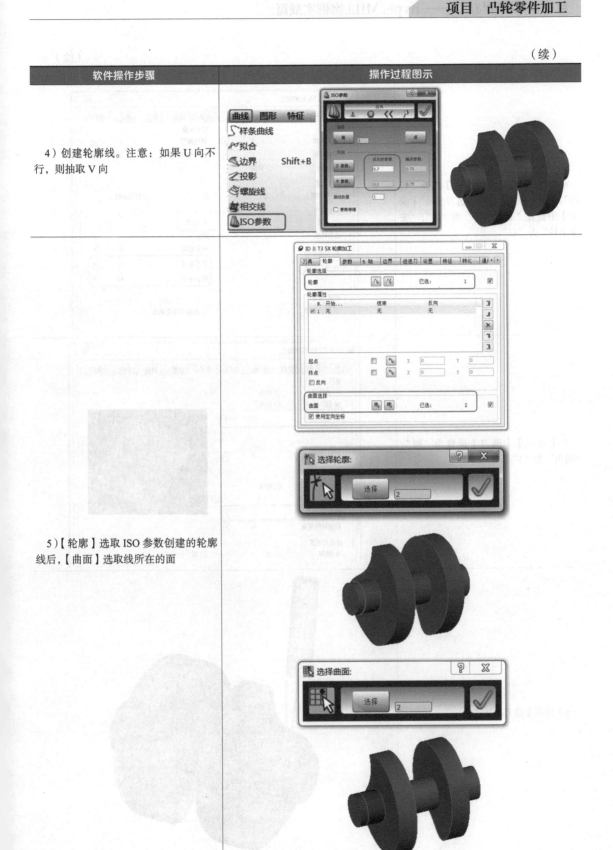
5）【轮廓】选取 ISO 参数创建的轮廓线后，【曲面】选取线所在的面	

（续）

软件操作步骤	操作过程图示
6）参数设置：【安全模式】选择"径向"，【退刀模式】选择"退刀半径"【安全】中设置"退刀半径"为"43"，"安全半径"为"45"	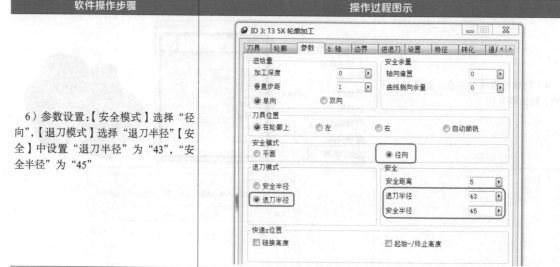
7）【进刀】、【退刀】设置为"圆"，"圆角"为"3"	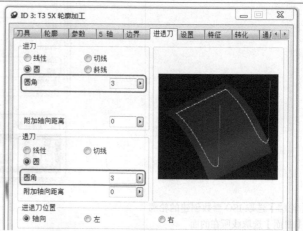
8）计算生成刀具轨迹	

（续）

软件操作步骤	操作过程图示
9）按照上述方法抽取 ISO 参数线，曲面选择凸轮中间底面	

6. 凸轮精加工-2（表3-1-9）

表 3-1-9　凸轮精加工 -2

软件操作步骤	操作过程图示
1）新建工单 4，在工单列表窗口中，右击，选择【新建】→【5轴曲面铣削】→【5X 单曲线侧刃加工】	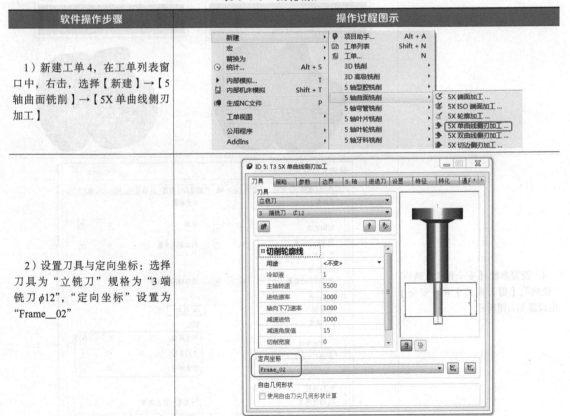
2）设置刀具与定向坐标：选择刀具为"立铣刀"规格为"3 端铣刀 ϕ12"，"定向坐标"设置为"Frame__02"	

（续）

软件操作步骤	操作过程图示
3）设置策略：【模式】选择"曲面上的曲线"，【几何形状】选择如右图所示。当出现刀轴加工方向不一致时，在【反向】选项组中勾选"进给方向"和"切削侧面"	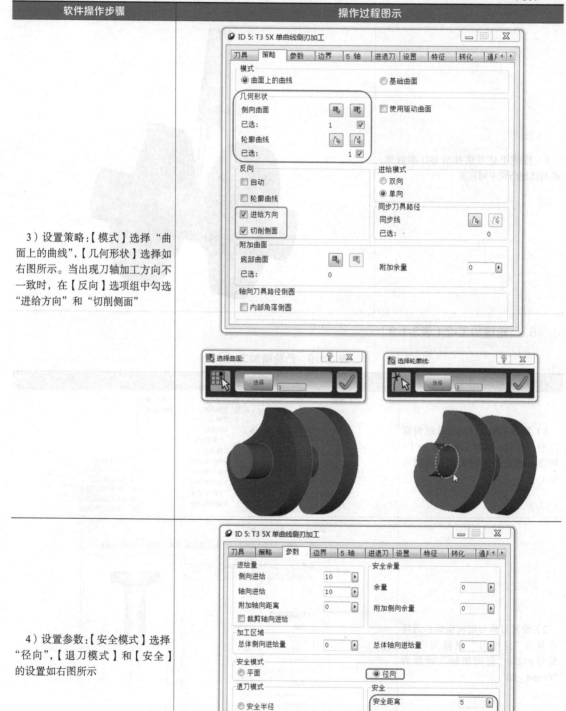
4）设置参数：【安全模式】选择"径向"，【退刀模式】和【安全】的设置如右图所示	

（续）

软件操作步骤	操作过程图示
5）其余参数保持默认设置。单击【计算】生成刀具轨迹	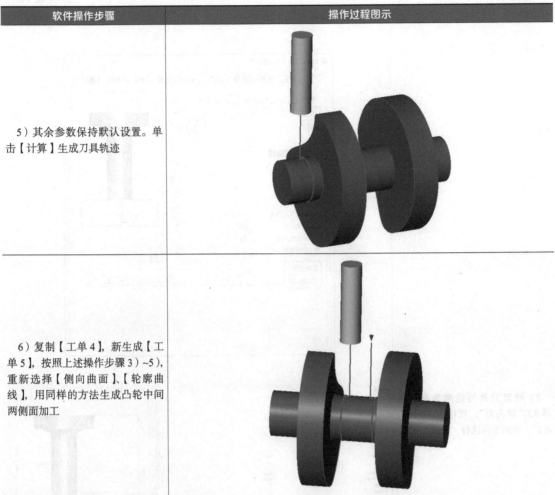
6）复制【工单4】，新生成【工单5】，按照上述操作步骤3）~5），重新选择【侧向曲面】、【轮廓曲线】，用同样的方法生成凸轮中间两侧面加工	

7. 凸轮精加工-3（表3-1-10）

表 3-1-10　凸轮精加工 -3

软件操作步骤	操作过程图示
1）新建工单，在工单列表窗口中，右击，选择【新建】→【5轴曲面铣削】→【5X ISO 端面加工】	

（续）

软件操作步骤	操作过程图示

2）设置刀具与定向坐标：选择 R3 "球头刀"，规格为 "4 球刀 ϕ6"，定向坐标选择 "Frame_02"	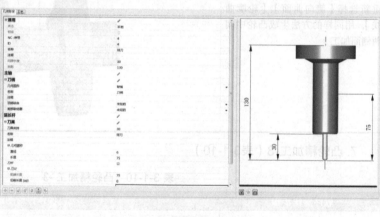
	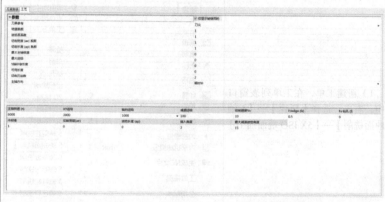

（续）

软件操作步骤	操作过程图示
3）设置策略：【策略】选择"整体定位"，【曲面】选择凸轮外表面，【加工方向】选择"流线"	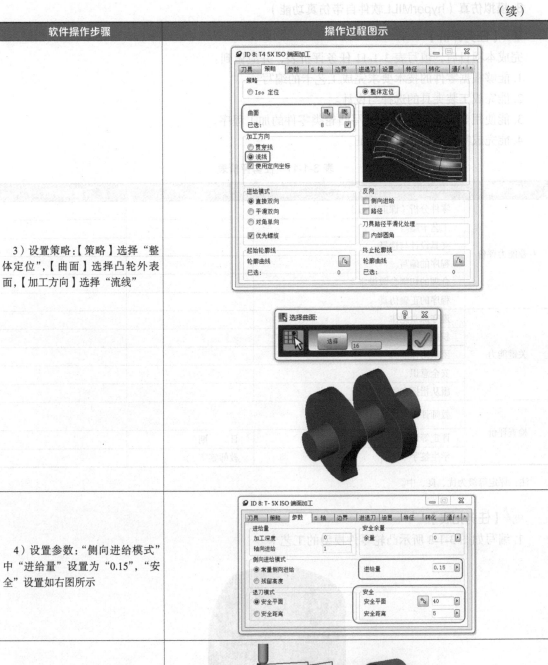
4）设置参数："侧向进给模式"中"进给量"设置为"0.15"，"安全"设置如右图所示	
5）其余参数保持默认。计算生成刀具轨迹	

8. 模拟仿真（hyperMILL软件自带仿真功能）

【任务评价】

完成本项目后，填写表3-1-11任务评价表，并应做到：

1. 能够根据零件的技术要求完成工艺卡的编写。

2. 能完成工装夹具的选择与设计。

3. 能使用hyperMILL软件编写凸轮类零件的加工程序。

4. 能完成零件的程序仿真验证。

表 3-1-11　任务评价表

项　目	任务内容	自　评	教师评价
专业能力评价	零件分析（课前预习）		
	工艺卡编写		
	夹具设计与选择		
	程序的编写		
	合理的切削参数设定		
	程序的正确仿真		
关键能力	遵守课堂纪律		
	积极主动学习		
	团队协作能力		
	安全意识		
	服从指挥和管理		
检查评价	教师评语		
	评定等级	日　　期	
	学生签字	教师签字	

注：评定等级为优、良、中。

【任务拓展】

1. 编写如图3-1-3所示凸轮零件模型的工艺卡。

图 3-1-3　凸轮零件模型

2. 使用hyperMILL软件编写图3-1-3所示零件的加工程序，并且完成程序的仿真验证。

模块四

五轴定向加工

通过本模块的学习，可以掌握多轴定向加工的概念及原理，了解多轴加工框架的原理及实现过程，掌握"3+2"多轴定向加工时 hyperMILL 软件中框架坐标系的设定方法。学习完本模块可以轻松实现三轴加工到多轴定向加工学习的转换。

项目

六面体零件加工

多轴定向加工方式在多轴数控加工中占有相当大的比例，除航空、航天类零件外，其他类适合多轴加工的零件，都可以通过多轴定向加工方式来完成加工，所以多轴定向加工方式是多轴加工重要的实现方式。

【任务描述】

校办工厂接到加工 50 件六面体零件（见图 4-1-1）的任务，该零件的毛坯图如图 4-1-2 所示。毛坯坯料为 100mm×100mm×111mm 的 6061 铝合金，其中毛坯底面已加工完成，在毛坯底面加工 4×M8 的螺孔和 2×φ6mm 的销钉孔，保证 4×M8 的螺孔和 2×φ6mm 销钉孔的分度圆与毛坯外形中心线同轴，这样可以保证毛坯与夹具安装后同心。要求在一周内完成交付。

本项目教学学时为 8 学时，实操学时为 8 学时。

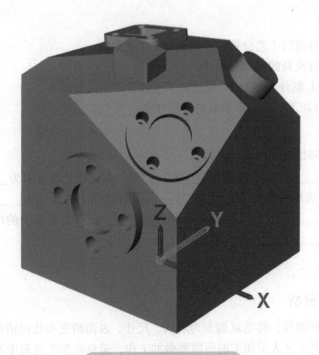

图 4-1-1　零件三维结构图

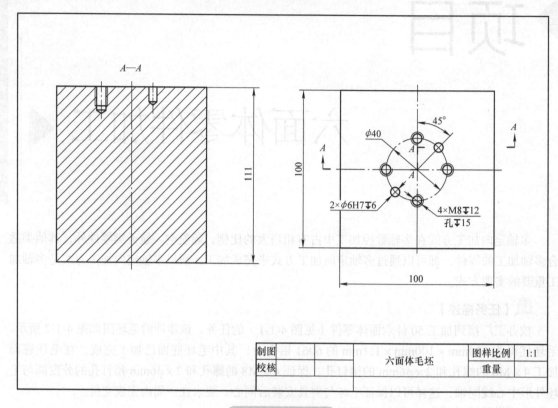

图 4-1-2 毛坯图

【任务目标】

1. 能对六面体零件进行工艺分析，并制订加工工艺路线。

2. 能对该零件进行夹具的选择与设计。

3. 了解 hyperMILL 软件在"3+2"定位加工下加工刀路的使用方法。

4. 掌握"3+2"轴加工的坐标系参数的设定方法。

【任务分析】

认真读图，请填写以下空白处的内容：

零件材料为_____；加工数量为_____；零件表面热处理要求为_____；毛坯下料尺寸应为_____；选用的加工设备为_____；首件试切工时预估为_____；每个零件的批量加工工时预估为_____；几何公差要求为_____；有公差要求的尺寸有_____
_____。

【任务实施】

一、加工工艺分析

加工工艺是指按照图样，将毛坯加工为形状、尺寸、表面精度和几何精度均合格的零件的全过程。加工工艺分析是工艺人员加工前所需要做的工作，避免在加工过程中发生加工失误，造成经济损失。因此，加工工艺分析在生产组织过程中是非常重要且不可或缺的。六面体零件加工工艺分析见表 4-1-1。

表 4-1-1 六面体零件加工工艺分析

序号	项目	分析内容	备注
1	六面体零件图样分析	仔细读图，重点关注尺寸公差要求、表面粗糙度、几何公差与技术要求。查阅尺寸标注是否完整，标注是否正确	
2	六面体零件结构工艺分析	如果利用三轴数控铣床需要多次装夹才能将零件加工出来，多次装夹不仅效率低，且容易产生定位误差。在五轴数控机床上可以实现一次装夹完成除装夹面外其他面的加工，定位精度高，装夹次数少，所以选择在五轴数控机床上完成该零件的加工。该零件结构属于中等复杂，需要多种加工方式即可完成加工	
3	选用夹具分析	根据零件的装夹要求采用自制夹具，将其锁紧在回转工作台上，以保证夹具中心与回转工作台中心重合。这种夹具利用螺钉锁紧，装夹牢固，比一些抱紧的夹具更可靠，但需要具有一定高度，在五轴加工时能更好地避免碰撞干涉	
4	加工刀具分析	$\phi16mm$ 的三刃立铣刀和 $\phi8mm$ 立铣刀、$\phi4mm$ 立铣刀、$\phi8mm$ 中心钻、$\phi3mm$ 钻头、$\phi4mm$ 钻头	
5	切削用量分析	切削用量三要素，包括切削速度 v_c、进给量 f、背吃刀量 a_p 选择切削用量时要注意防止零件的加工变形，以及机床的刚度	
6	产品质量检测分析	为了检测该零件，需准备以下辅助检测工具：游标深度卡尺、游标卡尺、R 规	

分组讨论并上交解决方案：

1.零件定向坐标设置有哪几种方式？阐述各方式的优缺点。

2.除了以上参考的夹具方案外是否还有其他装夹方案，在保证几何精度和加工效率的情况下，请在表 4-1-2 中绘制其他装夹方案。

表 4-1-2　其他装夹方案

手动绘制工件装夹简图	简单描述

二、编制工艺卡

编制加工工艺卡需考虑本车间的设备条件，以及查阅机械加工工艺手册等参考资料，参考工艺卡见表 4-1-3。

表 4-1-3　工艺卡

零件名称		零件数量	单位名称			第　页	共　页
毛坯类型			工艺卡号	工艺设计人			
材料				工艺装备 加工类别			
图示	工序号	工步	加工内容	刀具及材料	切削参数				加工余量
					转速	进给速度	步距	切削深度	

三、设备、工具、量具、辅助准备

根据任务的加工要求，实施本任务需要的设备、辅助工量器具见表 4-1-4。

表 4-1-4 需要的设备、辅助工量器具

序号	名称	简图	型号 / 规格	数量	备注
1	五轴加工中心		机床行程： X 650mm Y 520mm Z 475mm B−35° ~ 110° C 0° ~ 360°	1 台	
2	立铣刀		根据工艺定	根据工艺定	
3	自制卡盘		直径 200mm	1 个	
4	游标卡尺		0.02mm	1 把	
5	游标深度卡尺		0.01mm	1 把	
6	百分表与表座		0.01mm	1 套	

（续）

序号	名称	简图	型号/规格	数量	备注
7	R 规			1 套	
8	铣刀柄		BT40	3 个	按每台加工中心配置

四、hyperMILL 软件编程加工

1. hyperMILL 相关知识点

该零件主要用到五轴铣削的知识点，具体知识点见表 4-1-5。

表 4-1-5　hyperMILL 相关知识点

一级类型	二级类型（工序类型）	三级类型（工序子类型）	四级类型（切削模式/循环类型/驱动方法）	五级类型（刀轴控制类型）
三轴铣削加工	3D 铣削	3D 优化粗加工	曲面	固定轴
		3D 平面加工	曲面	固定轴
	2D 铣削	基于 3D 模型的轮廓加工	曲线	固定轴
孔加工	钻孔	定心钻	孔特征	可变轴
		啄钻	孔特征	可变轴
		螺旋钻	孔特征	可变轴

2. hyperMILL 加工环境设置

hyperMILL 加工环境包括加工坐标系、部件、毛坯、刀具和加工方法，其设置见表 4-1-6。

表 4-1-6　hyperMILL 加工环境设置

软件操作步骤	操作过程图示
1）在 Windows 系统中选择【开始】→【所有程序】→ hyperMILL 2020.1 命令，进入初始界面，如图所示	

（续）

软件操作步骤	操作过程图示
2）在菜单栏中单击【文件】→【打开】，弹出【打开】对话框，选择下载文件中的六面体零件 .hmc 文件，单击【打开】按钮打开文件	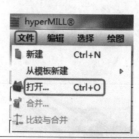
3）在【选择项目路径】对话框中选择【模型路径】，取消勾选"工单列表专用子目录"，单击【确认】按钮	
4）按 <Ctrl+Shift+M> 组 合 键 进 入 hyperMILL 加工模块，在加工环境下按 <Shift+N> 组合键创建零件加工工单列表，该工单列表可以进行加工坐标系、毛坯、零件等相关设定	
5）创建加工坐标系：单击工单列表中的【NCS 加工坐标系】图标，进入【定向坐标定义】对话框，单击【对齐】中的【工作平面】选项，前提是我们的工作坐标系就在零件下端面中心，单击【确认】按钮	

（续）

软件操作步骤	操作过程图示
6）指定毛坯：在【工单列表】对话框界面，单击【零件数据】标签进入【零件数据】选项卡，在【毛坯模型】选项组下勾选"已定义"选项，单击【新建毛坯】图标，在【毛坯模型】对话框中选择"几何范围"模式，在【几何范围】选项组中取消勾选"整体偏置"选项，然后在"X+、X−、Y+、Y−"偏置参数中输入"2.5"，在"Z+"偏置参数中输入"0.5"，如右图所示，单击【计算】按钮生成立方体毛坯，生成毛坯后单击【确认】按钮，回到【零件数据】选项卡	
7）指定工件：在【零件数据】选项卡界面，在【毛坯模型】选项组下勾选"已定义"选项，单击【新建加工区域】图标，在【加工区域】对话框中选择"曲面选择"模式，再单击【重新选择】图标，在绘图区框选绘制好的零件外形曲面，单击【确认】按钮，回到【加工区域】对话框，再单击【确认】按钮回到【零件数据】选项卡	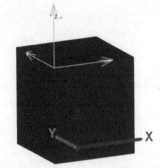
8）指定材料：在【零件数据】选项卡界面取消【材料】选项组中的"已定义"选项。注：材料定义不是刀路生成的必要条件，一般情况下不需要特别设置	

（续）

软件操作步骤	操作过程图示
9）指定夹具：在【零件数据】选项卡界面，在【夹具】选项组下勾选"已定义"选项，单击【新建夹具区域】图标，在【夹具区域】对话框中选择"曲面选择"模式，然后再单击【重新选择】图标，在绘图区框选绘制好的夹具外形曲面后单击【确认】按钮，回到【夹具区域】对话框，再单击【确认】按钮后回到【零件数据】选项卡	 
10）创建加工刀具——立铣刀：在hyperMILL工具栏操作视窗中选择【刀具】视窗，在铣刀窗口中右击空白处，弹出快捷菜单，选择【新建】→【立铣刀】，创建φ16mm立铣刀，弹出【编辑 端铣刀】对话框，在【几何形状】选项卡下设置ID为"1"，"名称"为"D16"，然后单击【确认】按钮退出对话框	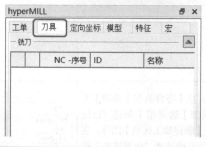 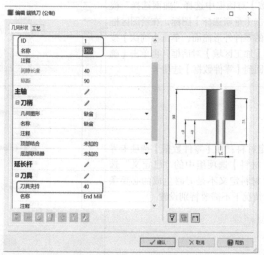

（续）

软件操作步骤	操作过程图示
11）创建加工刀柄：同样在【几何形状】选项卡的【刀柄】参数中选择【从 CAD 中选择几何定义】选项，在绘图区中选择绘制好的刀柄二维图形后单击【确定】确认，弹出编辑刀柄对话框，如需调整，进行修改后单击【确认】按钮回到【编辑 端铣刀】对话框。增加刀柄后需要调整【刀具夹持】长度为 40mm	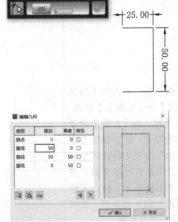
12）定义刀具转速和进给：在【工艺】选项卡中设定【主轴转速】参数为"4000"，【XY 进给】参数为"2000"，【轴向进给】参数为"1000"，输入好后单击【确认】按钮	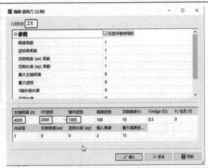
13）创建其他加工刀具：用同样的方法分别创建 T2-ϕ8mm 立铣刀、T3-ϕ4mm 立铣刀、T4-ϕ8mm 中心钻、T5-ϕ3mm 钻头、T6-ϕ4mm 钻头，刀具的转速和进给速度根据实际加工参数进行设定	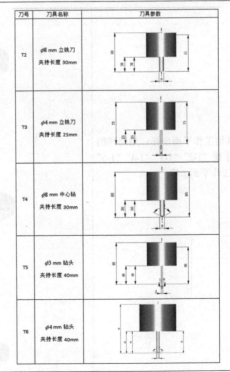

（续）

软件操作步骤	操作过程图示
14）定义工作平面坐标：右击加工特征面，选择【工作平面】→【在面上】选项，弹出【在面上】对话框，在【Z轴】选项组中将"反向"功能勾选，让Z轴垂直于加工面，在"另存为"选项中将新建坐标保存为"1-1"，该名称是自行定义的，其他参数保持默认，如右图所示。注：工作坐标可以作为绘制图形的平面基准，也可以作为加工坐标建立的参考基准	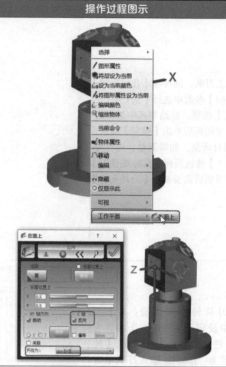
15）创建其他工作平面坐标：用同样的方法分别创建"1-2""1-3""1-4""1-5""1-6""1-7"工作平面坐标	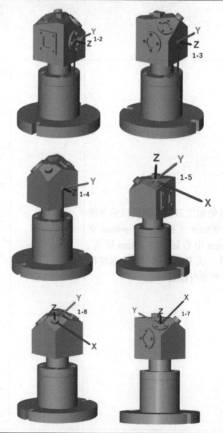

（续）

软件操作步骤	操作过程图示
16）定义定向平面坐标：在 hyperMILL 工具栏操作视窗中选择【定向坐标】视窗，在定向坐标窗口中右击坐标系统【NCS 六面体】，在弹出的快捷菜单中选择【新建定向坐标】，创建不同方向特征加工的局部加工坐标系，弹出【定向坐标定义】对话框。需要强调的是，参考的工作平面是当前被激活的工作平面坐标系，如右图所示，需要先将要参考的工作平面"设为当前"再进行参考	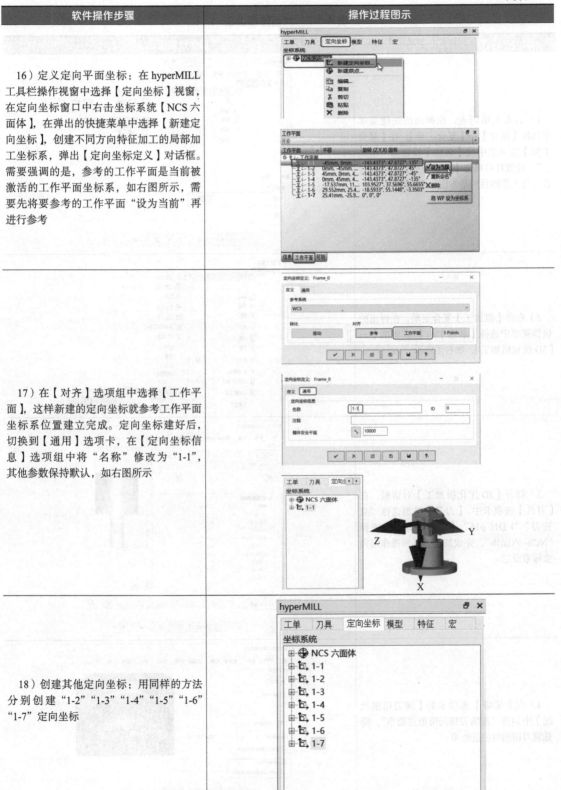
17）在【对齐】选项组中选择【工作平面】，这样新建的定向坐标就参考工作平面坐标系位置建立完成。定向坐标建好后，切换到【通用】选项卡，在【定向坐标信息】选项组中将"名称"修改为"1-1"，其他参数保持默认，如右图所示	
18）创建其他定向坐标：用同样的方法分别创建"1-2""1-3""1-4""1-5""1-6""1-7"定向坐标	

3. 六面体粗加工-1（3D优化粗加工，见表4-1-7）

表 4-1-7　六面体粗加工 -1

软件操作步骤	操作过程图示
1）右击工单列表，在弹出的快捷菜单中选择【新建】→【复合工单】，在【复合工单】选项组中将【名称】设置为"粗加工"，设置好后单击【确认】按钮。注：设置复合工单的目的是方便程序管理	
2）右击【粗加工】复合工单，在弹出的快捷菜单中选择【新建】→【3D铣削】→【3D优化粗加工】，如右图所示	
3）打开【3D优化粗加工】对话框，在【刀具】选项卡中，【刀具】类型选择"立铣刀""1 D16 φ16"，【定向坐标】中选择"NCS-六面体"，完成加工刀具和操作定向坐标系设定	
4）在【策略】选项卡的【满刀切削状况】中勾选"在满刀期间降低进给率"，降低满刀切削时的进给率	

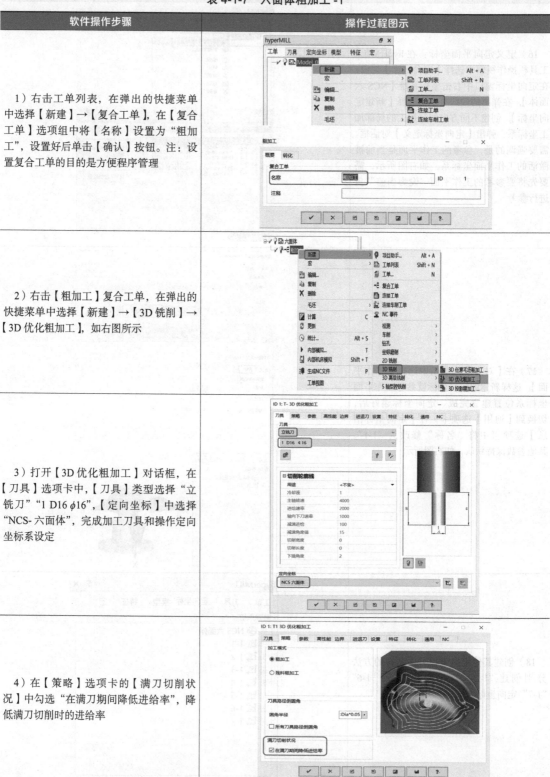

（续）

软件操作步骤	操作过程图示
5）在【参数】选项卡中，【加工区域】中取消"最高点"勾选，勾选"最低点"并设置为"100"，【安全余量】中设置"余量"为"0.15"，"附加XY余量"为"0.15"，【进给量】中"步距（直径系数）"设置为"0.7"，"垂直步距"设置为"2"，【检测平面层】设置为"自动"，【退刀模式】选择"安全平面"，【安全】中设置"安全平面"为"150"	
6）在【设置】选项卡中，【模型】选择"六面体"加工模型，【毛坯模型】选择"六面体毛坯"为加工毛坯，并勾选"产生结果毛坯"，如右图所示，其他参数默认不变，单击【生成刀路】按钮计算刀路。可以通过多种加工方式前面的"灯泡"图标，来进行刀路的显示控制	

4. 六面体粗加工-2（3D优化粗加工，见表4-1-8）

表4-1-8 六面体粗加工-2

软件操作步骤	操作过程图示
1）右击【粗加工】复合工单，在弹出的快捷菜单中选择【新建】→【3D铣削】→【3D优化粗加工】，如右图所示	

（续）

软件操作步骤	操作过程图示
2）打开【3D优化粗加工】对话框，在【刀具】选项卡中，【刀具】类型选择"立铣刀""1 D16 φ16"，【定向坐标】中选择"1-1"，完成加工刀具和操作定向坐标系设定	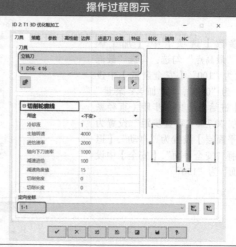
3）在【参数】选项卡中，【加工区域】中勾选"最低点"，设置为0，【安全余量】中设置"余量"为"0.15"，"附加XY余量"为"0.15"，【进给量】中"步距（直径系数）"设置为"0.7"，"垂直步距"设置为"2"，【检测平面层】设置为"自动"，【退刀模式】选择"安全距离"，【安全】中设置"安全距离"为"10"	
4）在【设置】选项卡中，【模型】选择"六面体"为加工模型，【毛坯模型】选择"1：T1 3D优化粗加工（六面体）"加工毛坯，并勾选"产生结果毛坯"参数，如右图所示，其他参数默认不变，单击【生成刀路】按钮计算刀路。可以通过多种加工方式前面的"灯泡"图标，来进行刀路的显示控制	

5. 六面体粗加工-3（3D优化粗加工，见表4-1-9）

表 4-1-9　六面体粗加工 -3

软件操作步骤	操作过程图示
1）右击【粗加工】复合工单，在弹出的快捷菜单中选择【新建】→【3D铣削】→【3D优化粗加工】，如右图所示	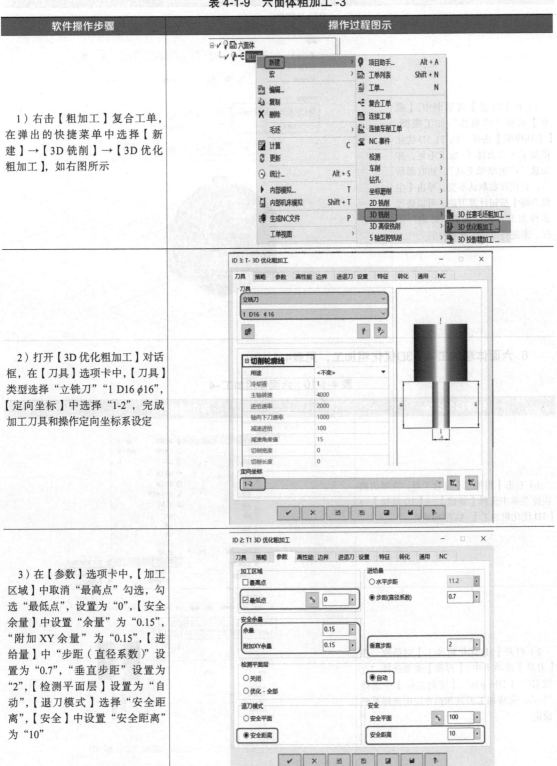
2）打开【3D优化粗加工】对话框，在【刀具】选项卡中，【刀具】类型选择"立铣刀""1 D16 ϕ16"，【定向坐标】中选择"1-2"，完成加工刀具和操作定向坐标系设定	
3）在【参数】选项卡中，【加工区域】中取消"最高点"勾选，勾选"最低点"，设置为"0"，【安全余量】中设置"余量"为"0.15"，"附加 XY 余量"为"0.15"，【进给量】中"步距（直径系数）"设置为"0.7"，"垂直步距"设置为"2"，【检测平面层】设置为"自动"，【退刀模式】选择"安全距离"，【安全】中设置"安全距离"为"10"	

（续）

软件操作步骤	操作过程图示
4）在【设置】选项卡中，【模型】选择"六面体"加工模型，【毛坯模型】选择"2：T1 3D优化粗加工（六面体）"加工毛坯，并勾选"产生结果毛坯"，如右图所示，其他参数默认不变，单击【生成刀路】按钮计算刀路。可以通过多种加工方式前面的"灯泡"图标，来进行刀路的显示控制	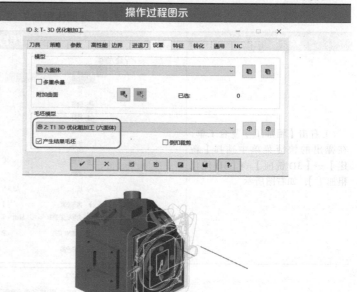

6. 六面体粗加工-4（3D优化粗加工，见表4-1-10）

表4-1-10　六面体粗加工-4

软件操作步骤	操作过程图示
1）右击【粗加工】复合工单，在弹出的快捷菜单中选择【新建】→【3D铣削】→【3D优化粗加工】，如右图所示	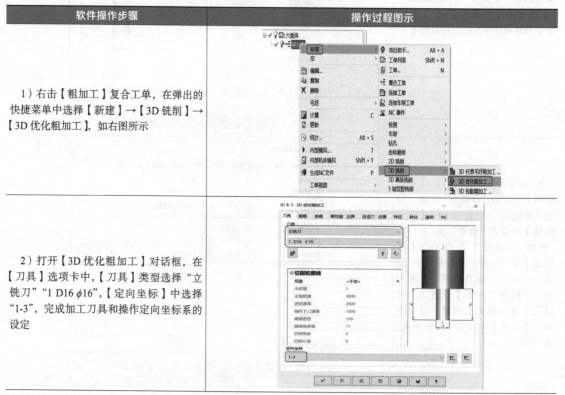
2）打开【3D优化粗加工】对话框，在【刀具】选项卡中，【刀具】类型选择"立铣刀""1 D16 φ16"，【定向坐标】中选择"1-3"，完成加工刀具和操作定向坐标系的设定	

（续）

软件操作步骤	操作过程图示
3）在【参数】选项卡中,【加工区域】中取消"最高点"勾选,勾选"最低点",设置为"0",【安全余量】中设置"余量"为"0.15","附加 XY 余量"为"0.15",【进给量】中"步距（直径系数）"设置为"0.7","垂直步距"设置为"2",【检测平面层】设置为"自动",【退刀模式】选择"安全距离",【安全】中设置"安全距离"为"10"	
4）在【设置】选项卡中,【模型】选择"六面体"为加工模型,【毛坯模型】选择"3：T1 3D优化粗加工（六面体）"加工毛坯,并勾选"产生结果毛坯",如右图所示,其他参数默认不变,单击【生成刀路】按钮计算刀路。可以通过多种加工方式前面的"灯泡"图标,来进行刀路的显示控制	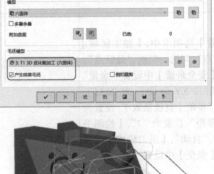

7. 六面体粗加工-5（3D优化粗加工,见表4-1-11）

表 4-1-11　六面体粗加工 -5

软件操作步骤	操作过程图示
1）右击【粗加工】复合工单,在弹出的快捷菜单中选择【新建】→【3D铣削】→【3D优化粗加工】,如右图所示	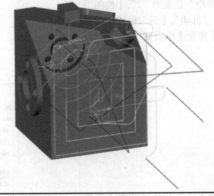

（续）

软件操作步骤	操作过程图示
2）打开【3D优化粗加工】对话框，在【刀具】选项卡中，【刀具】类型选择"立铣刀""1 D16 ϕ16"，【定向坐标】中选择"1-4"，完成加工刀具和操作定向坐标系设定	
3）在【参数】选项卡中，【加工区域】中取消"最高点"勾选，勾选"最低点"，设置为"0"，【安全余量】中设置"余量"为"0.15"，"附加XY余量"为"0.15"，【进给量】中"步距（直径系数）"设置为"0.7"，"垂直步距"设置为"2"，【检测平面层】设置为"自动"，【退刀模式】选择"安全距离"，【安全】中设置"安全距离"为"10"	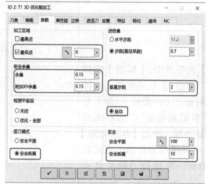
4）在【设置】选项卡中，【模型】选择"六面体"为加工模型，【毛坯模型】选择"4：T1 3D优化粗加工（六面体）"加工毛坯，并勾选"产生结果毛坯"，如右图所示，其他参数默认不变，单击【计算】按钮生成刀具轨迹。可以通过多种加工方式前面的"灯泡"图标，来进行刀路的显示控制	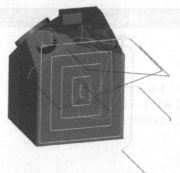

8. 六面体粗加工-6（3D优化粗加工，见表4-1-12）

表4-1-12 六面体粗加工-6

软件操作步骤	操作过程图示
1）右击【粗加工】复合工单，在弹出的快捷菜单中选择【新建】→【3D铣削】→【3D优化粗加工】，如右图所示	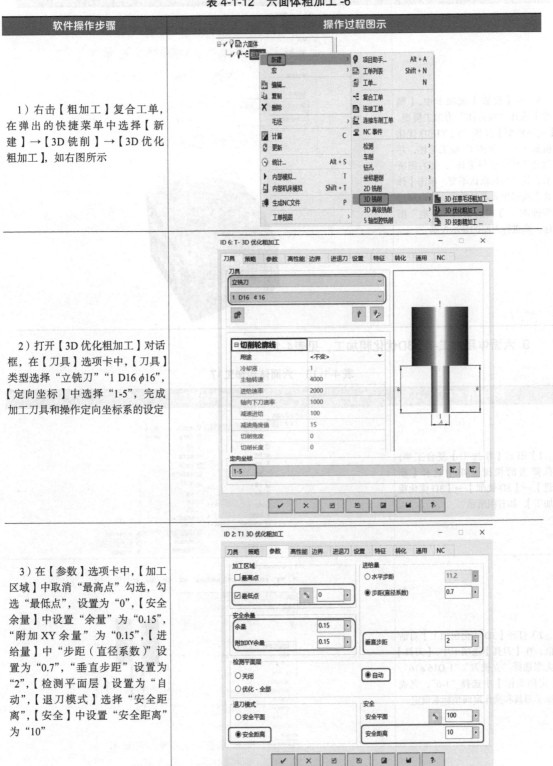
2）打开【3D优化粗加工】对话框，在【刀具】选项卡中，【刀具】类型选择"立铣刀""1 D16 φ16"，【定向坐标】中选择"1-5"，完成加工刀具和操作定向坐标系的设定	
3）在【参数】选项卡中，【加工区域】中取消"最高点"勾选，勾选"最低点"，设置为"0"，【安全余量】中设置"余量"为"0.15"，"附加XY余量"为"0.15"，【进给量】中"步距（直径系数）"设置为"0.7"，"垂直步距"设置为"2"，【检测平面层】设置为"自动"，【退刀模式】选择"安全距离"，【安全】中设置"安全距离"为"10"	

（续）

软件操作步骤	操作过程图示
4）在【设置】选项卡中，【模型】选择"六面体"为加工模型，【毛坯模型】选择"5：T1 3D 优化粗加工（六面体）"加工毛坯，并勾选"产生结果毛坯"，如右图所示，其他参数默认不变，单击【计算】按钮生成刀具轨迹。可以通过多种加工方式前面的"灯泡"图标，来进行刀路的显示控制	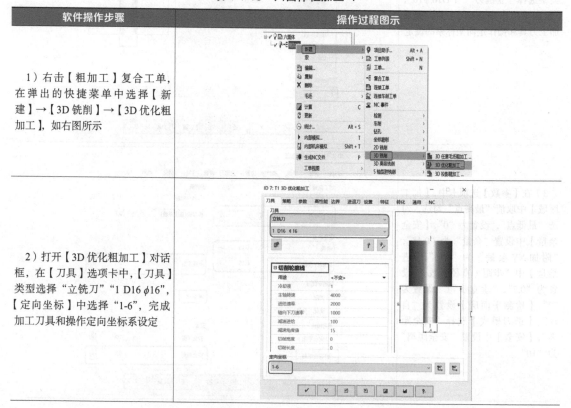

9. 六面体粗加工-7（3D优化粗加工，见表4-1-13）

表 4-1-13　六面体粗加工 -7

软件操作步骤	操作过程图示
1）右击【粗加工】复合工单，在弹出的快捷菜单中选择【新建】→【3D 铣削】→【3D 优化粗加工】，如右图所示	
2）打开【3D 优化粗加工】对话框，在【刀具】选项卡中，【刀具】类型选择"立铣刀""1 D16 ⌀16"，【定向坐标】中选择"1-6"，完成加工刀具和操作定向坐标系设定	

（续）

软件操作步骤	操作过程图示
3）在【参数】选项卡中，【加工区域】中取消"最高点"勾选，勾选"最低点"，设置为"0"，【安全余量】中设置"余量"为"0.15"，"附加XY余量"为"0.15"，【进给量】中"步距（直径系数）"设置为"0.7"，"垂直步距"设置为"2"，【检测平面层】设置为"自动"，【退刀模式】选择"安全距离"，【安全】中设置"安全距离"为"10"	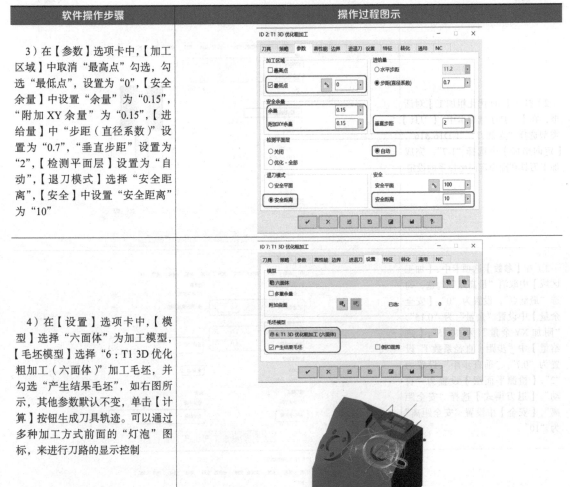
4）在【设置】选项卡中，【模型】选择"六面体"为加工模型，【毛坯模型】选择"6：T1 3D优化粗加工（六面体）"加工毛坯，并勾选"产生结果毛坯"，如右图所示，其他参数默认不变，单击【计算】按钮生成刀具轨迹。可以通过多种加工方式前面的"灯泡"图标，来进行刀路的显示控制	

10. 六面体粗加工-8（3D优化粗加工，见表4-1-14）

表4-1-14　六面体粗加工-8

软件操作步骤	操作过程图示
1）右击【粗加工】复合工单，在弹出的快捷菜单中选择【新建】→【3D铣削】→【3D优化粗加工】，如右图所示	

（续）

软件操作步骤	操作过程图示
2）打开【3D优化粗加工】对话框，在【刀具】选项卡中，【刀具】类型选择"立铣刀""1 D16 φ16"，【定向坐标】中选择"1-7"，完成加工刀具和操作定向坐标系的设定	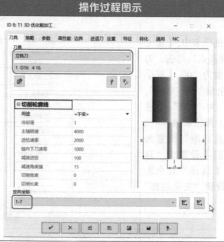
3）在【参数】选项卡中，【加工区域】中取消"最高点"勾选，勾选"最低点"，设置为"0"，【安全余量】中设置"余量"为"0.15"，"附加XY余量"为"0.15"，【进给量】中"步距（直径系数）"设置为"0.7"，"垂直步距"设置为"2"，【检测平面层】设置为"自动"，【退刀模式】选择"安全距离"，【安全】中设置"安全距离"为"10"	
4）在【设置】选项卡中，【模型】选择"六面体"为加工模型，【毛坯模型】选择"7：T1 3D优化粗加工（六面体）"加工毛坯，并勾选"产生结果毛坯"参数，如右图所示，其他参数默认不变，单击【计算】按钮生成刀具轨迹。可以通过多种加工方式前面的"灯泡"图标，来进行刀路的显示控制	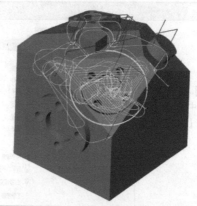

11. 六面体二次粗加工（3D优化粗加工，见表4-1-15）

表 4-1-15　六面体二次粗加工

软件操作步骤	操作过程图示
1）右击工单列表，在弹出的快捷菜单中选择【新建】→【复合工单】，在【复合工单】选项组中将【名称】参数设置为"二次粗加工"，设置好后单击【确认】按钮	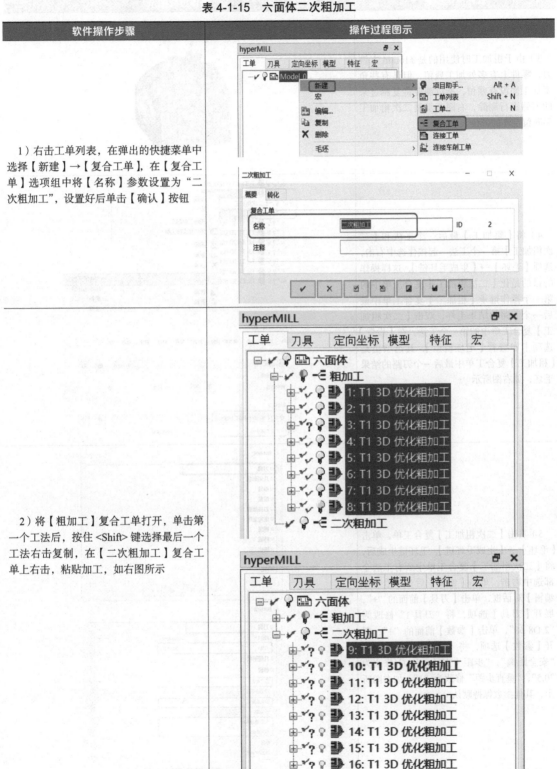
2）将【粗加工】复合工单打开，单击第一个工法后，按住 <Shift> 键选择最后一个工法右击复制，在【二次粗加工】复合工单上右击，粘贴加工，如右图所示	

大简体二次粗加工（3D优化粗加工，见表4-1-15）

（续）

软件操作步骤	操作过程图示

3）由于粗加工时使用的是 ϕ16mm 立铣刀，零件上有多处加工残留，但是有些角度加工面没有残留，所以需要将复制过来的刀路进行删除，右图所示是二次粗加工后残留毛坯的部位

4）将【粗加工】最后一个工法和【二次粗加工】第一个工法一起按住选中右击，选择【毛坯】→【生成毛坯链】，这样操作的目的是让【二次粗加工】复合工单中的第一个操作继承【粗加工】复合工单中最后一个刀路的结果毛坯，双击【二次粗加工】复合工单中的第一个工法，在【设置】选项卡中查看【毛坯模型】，其选项里是【粗加工】复合工单中最后一个刀路的结果毛坯，如右图所示

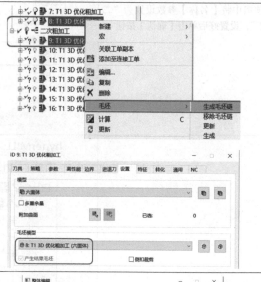

5）右击【二次粗加工】复合工单，单击【毛坯】→【生成毛坯链】，毛坯链生成后，将【二次粗加工】复合工单中所有工法全部选中右击，单击【编辑】后弹出【整体编辑】对话框，单击【刀具】前面的"+"，展开【刀具】选项，将"刀具 1"修改为"2 D8 ϕ8"，单击【参数】前面的"+"，展开【参数】选项，将"退刀模式"修改为"安全距离"，"步距（直径系数）"修改为"0.5"，"垂直步距"修改为"1"，如右图所示，其他参数保持默认

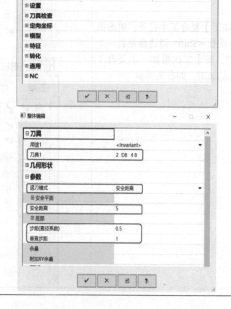

（续）

软件操作步骤	操作过程图示
6）单击【计算】后生成所有二次粗加工刀路，但是复制过来的刀路，有些是不会产生二次粗加工刀路的，对不能产生二次粗加工刀路，要进行删除，删除后刀路如右图所示，删除后需要将所有工法重新计算一遍	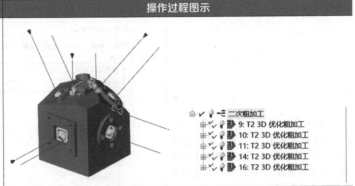

12. 六面体底面精加工-1（3D平面加工，见表4-1-16）

表 4-1-16　六面体底面精加工 -1

软件操作步骤	操作过程图示
1）右击工单列表，选择【新建】→【复合工单】，在【复合工单】选项组中将【名称】参数设置为"精加工底面"，设置好后单击【确认】按钮	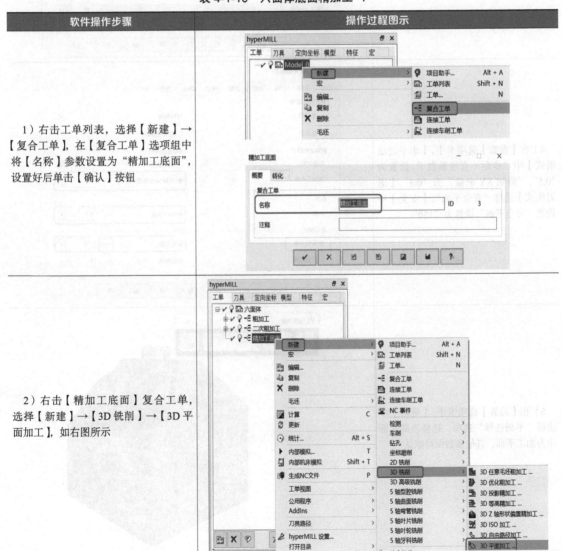
2）右击【精加工底面】复合工单，选择【新建】→【3D 铣削】→【3D 平面加工】，如右图所示	

（续）

软件操作步骤	操作过程图示
3）打开【3D平面加工】对话框，在【刀具】选项卡中，【刀具】类型选择"立铣刀""2 D8 φ8"，【定向坐标】中选择"NCS 六面体"，完成加工刀具和操作定向坐标系设定	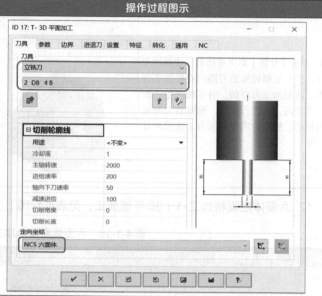
4）在【参数】选项卡中，【水平进给模式】中"步距（直径系数）"设置为"0.5"，"附加 XY 余量"为"0.3"，【退刀模式】选择"安全平面"，【安全】中设置"安全平面"设置为"150"	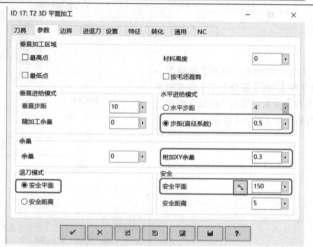
5）在【边界】选项卡中，【策略】中选择"平面选择"选项，选择顶部平面作为加工平面，其他参数保持默认	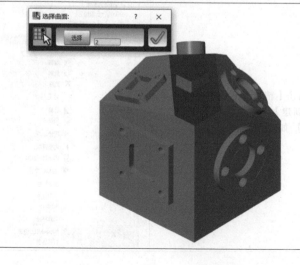

（续）

软件操作步骤	操作过程图示
6）单击【计算】按钮生成刀具轨迹	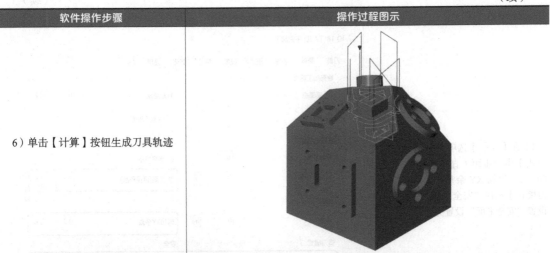

13. 六面体底面精加工-2（3D平面加工，见表4-1-17）

表 4-1-17　六面体底面精加工 -2

软件操作步骤	操作过程图示
1）右击【精加工底面】复合工单，选择【新建】→【3D 铣削】→【3D 平面加工】，如右图所示	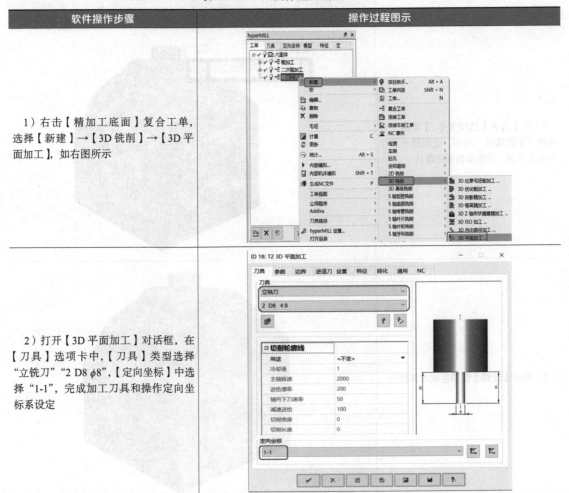
2）打开【3D 平面加工】对话框，在【刀具】选项卡中，【刀具】类型选择"立铣刀""2 D8 φ8"，【定向坐标】中选择"1-1"，完成加工刀具和操作定向坐标系设定	

（续）

软件操作步骤	操作过程图示
3）在【参数】选项卡中,【水平进给模式】中"步距（直径系数）"设置为"0.5","附加 XY 余量"为"0.3",【退刀模式】选择"安全平面",【安全】中设置"安全平面"设置为"50"	
4）在【边界】选项卡中,【策略】中选择"平面选择"选项,选择侧平面作为加工平面,其他参数保持默认	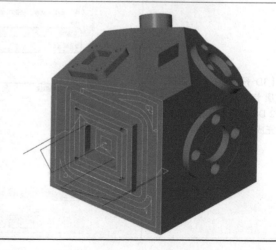
5）单击【计算】按钮生成刀具轨迹	

14. 六面体底面精加工-3（3D平面加工，见表4-1-18）

表 4-1-18 六面体底面精加工 -3

软件操作步骤	操作过程图示
1）右击【精加工底面】复合工单，选择【新建】→【3D 铣削】→【3D 平面加工】，如右图所示	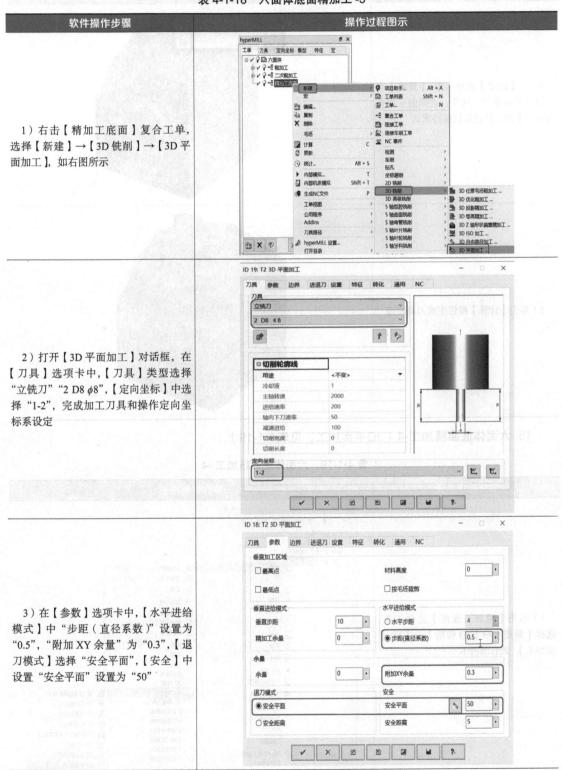
2）打开【3D 平面加工】对话框，在【刀具】选项卡中，【刀具】类型选择"立铣刀""2 D8 ∅8"，【定向坐标】中选择"1-2"，完成加工刀具和操作定向坐标系设定	
3）在【参数】选项卡中，【水平进给模式】中"步距（直径系数）"设置为"0.5"，"附加 XY 余量"为"0.3"，【退刀模式】选择"安全平面"，【安全】中设置"安全平面"设置为"50"	

（续）

软件操作步骤	操作过程图示
4）在【边界】选项卡中，【策略】中选择"平面选择"选项，选择侧平面作为加工平面，其他参数保持默认	
5）单击【计算】按钮生成刀具轨迹	

15. 六面体底面精加工-4（3D平面加工，见表4-1-19）

表 4-1-19 六面体底面精加工 -4

软件操作步骤	操作过程图示
1）右击【精加工底面】复合工单，选择【新建】→【3D 铣削】→【3D 平面加工】，如右图所示	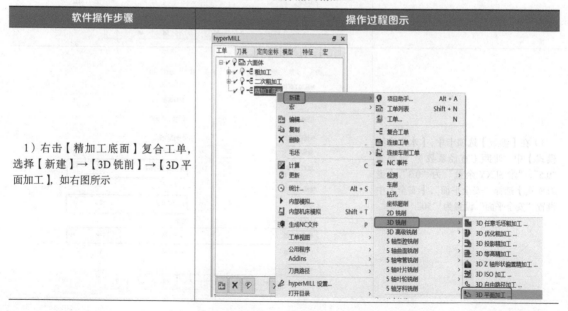

（续）

软件操作步骤	操作过程图示
2）打开【3D平面加工】对话框，在【刀具】选项卡中，【刀具】类型选择"立铣刀""2 D8 φ8"，【定向坐标】中选择"1-3"，完成加工刀具和操作定向坐标系设定	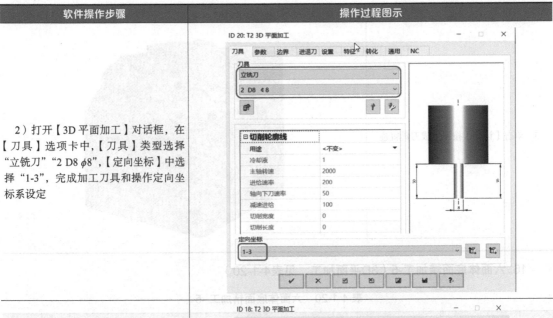
3）在【参数】选项卡中，【水平进给模式】中"步距（直径系数）"设置为"0.5"，"附加XY余量"为"0.3"，【退刀模式】选择"安全平面"，【安全】中设置"安全平面"设置为"50"	
4）在【边界】选项卡中，【策略】中选择"平面选择"选项，选择侧平面作为加工平面，其他参数保持默认	

（续）

软件操作步骤	操作过程图示
5）单击【计算】按钮生成刀具轨迹	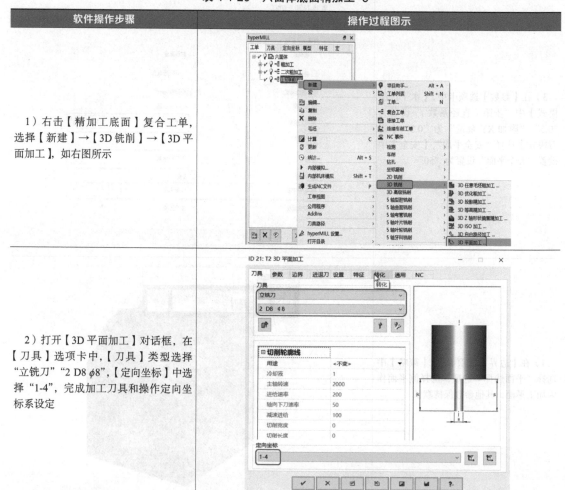

16. 六面体底面精加工-5（3D平面加工，见表4-1-20）

表 4-1-20　六面体底面精加工 -5

软件操作步骤	操作过程图示
1）右击【精加工底面】复合工单，选择【新建】→【3D铣削】→【3D平面加工】，如右图所示	
2）打开【3D平面加工】对话框，在【刀具】选项卡中，【刀具】类型选择"立铣刀""2 D8 ϕ8"，【定向坐标】中选择"1-4"，完成加工刀具和操作定向坐标系设定	

（续）

软件操作步骤	操作过程图示
3）在【参数】选项卡中，【水平进给模式】中"步距（直径系数）"设置为"0.5"，"附加XY余量"为"0.3"，【退刀模式】选择"安全平面"，【安全】中设置"安全平面"设置为"50"	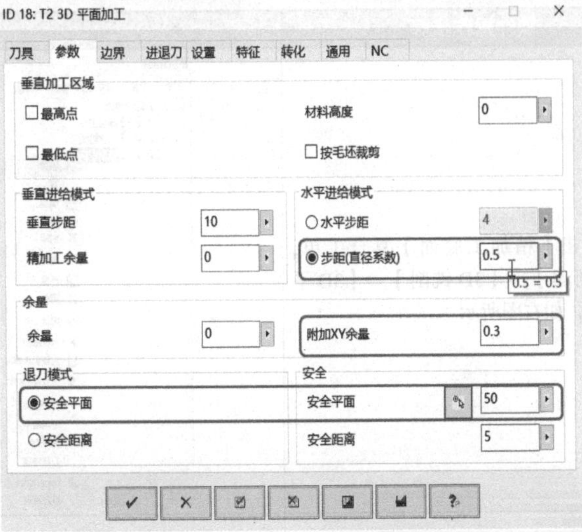
4）在【边界】选项卡中，【策略】中选择"平面选择"选项，选择侧平面作为加工平面，其他参数保持默认	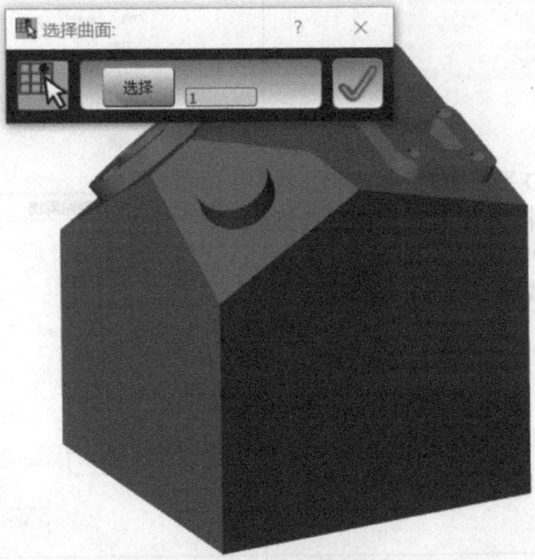
5）单击【计算】按钮生成刀具轨迹	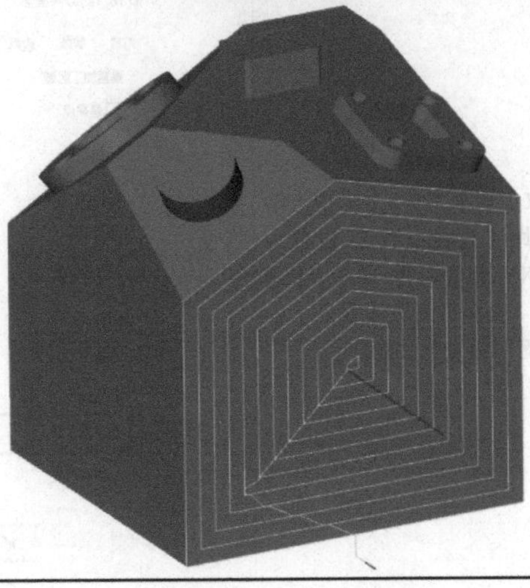

17. 六面体底面精加工-6（3D平面加工，见表4-1-21）

表4-1-21　六面体底面精加工-6

软件操作步骤	操作过程图示
1）右击【精加工底面】复合工单，选择【新建】→【3D铣削】→【3D平面加工】，如右图所示	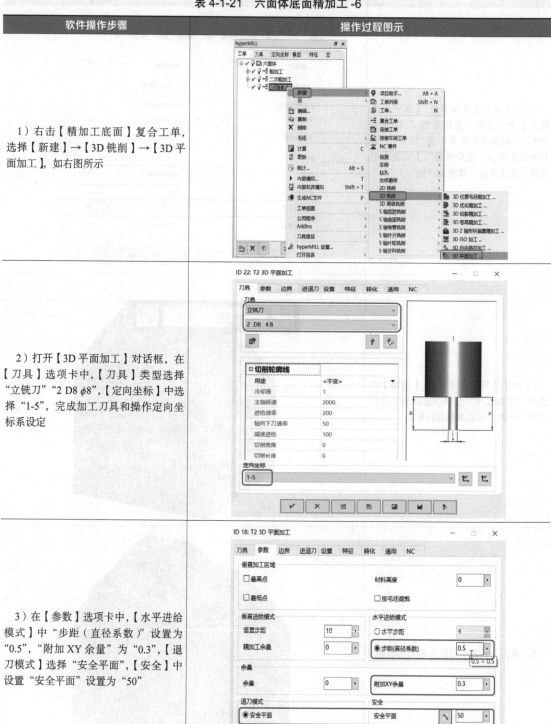
2）打开【3D平面加工】对话框，在【刀具】选项卡中，【刀具】类型选择"立铣刀""2 D8 φ8"，【定向坐标】中选择"1-5"，完成加工刀具和操作定向坐标系设定	
3）在【参数】选项卡中，【水平进给模式】中"步距（直径系数）"设置为"0.5"，"附加XY余量"为"0.3"，【退刀模式】选择"安全平面"，【安全】中设置"安全平面"设置为"50"	

（续）

软件操作步骤	操作过程图示
4）在【边界】选项卡中，【策略】中选择"平面选择"选项，选择当前视图下各水平面作为加工平面，其他参数保持默认	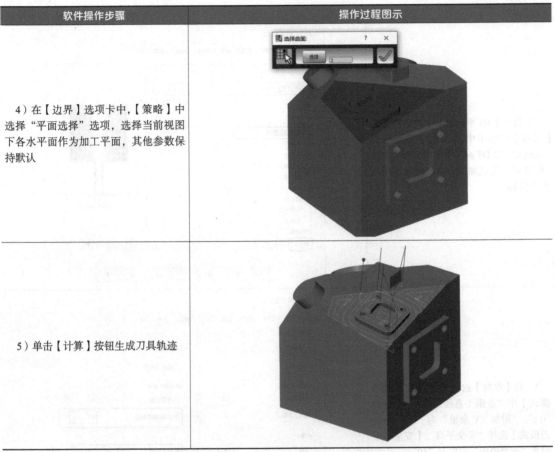
5）单击【计算】按钮生成刀具轨迹	

18. 六面体底面精加工-7（3D平面加工，见表4-1-22）

表4-1-22　六面体底面精加工-7

软件操作步骤	操作过程图示
1）右击【精加工底面】复合工单，选择【新建】→【3D 铣削】→【3D 平面加工】，如右图所示	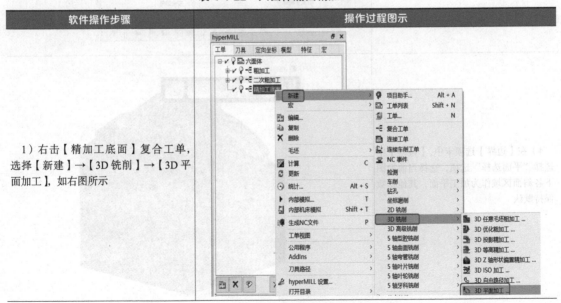

（续）

软件操作步骤	操作过程图示
2）打开【3D平面加工】对话框，在【刀具】选项卡中，【刀具】类型选择"立铣刀""2 D8 φ8"，【定向坐标】中选择"1-6"，完成加工刀具和操作定向坐标系设定	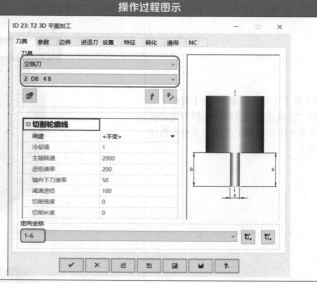
3）在【参数】选项卡中，【水平进给模式】中"步距（直径系数）"设置为"0.5"，"附加XY余量"为"0.3"，【退刀模式】选择"安全平面"，【安全】中设置"安全平面"设置为"50"	
4）在【边界】选项卡中，【策略】中选择"平面选择"选项，选择当前视图下各斜面区域作为加工平面，其他参数保持默认	

（续）

软件操作步骤	操作过程图示
5）单击【计算】按钮生成刀具轨迹	

19. 六面体底面精加工-8（3D平面加工，见表4-1-23）

表 4-1-23　六面体底面精加工 -8

软件操作步骤	操作过程图示
1）右击【精加工底面】复合工单，选择【新建】→【3D 铣削】→【3D 平面加工】，如右图所示	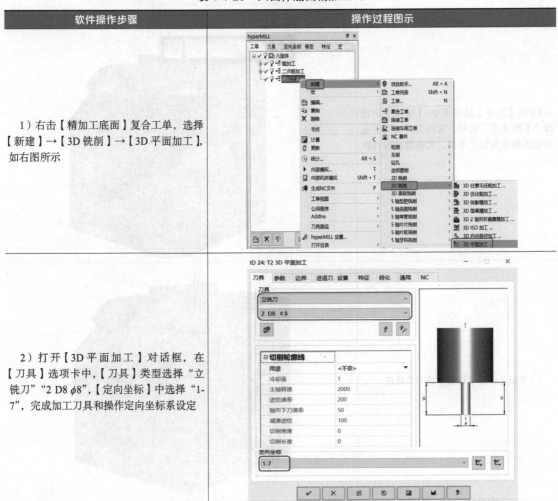
2）打开【3D 平面加工】对话框，在【刀具】选项卡中，【刀具】类型选择"立铣刀""2 D8 φ8"，【定向坐标】中选择"1-7"，完成加工刀具和操作定向坐标系设定	

（续）

软件操作步骤	操作过程图示
3）在【参数】选项卡中，【水平进给模式】中"步距（直径系数）"设置为"0.5"，"附加 XY 余量"为"0.3"，【退刀模式】选择"安全平面"，【安全】中设置"安全平面"设置为"50"	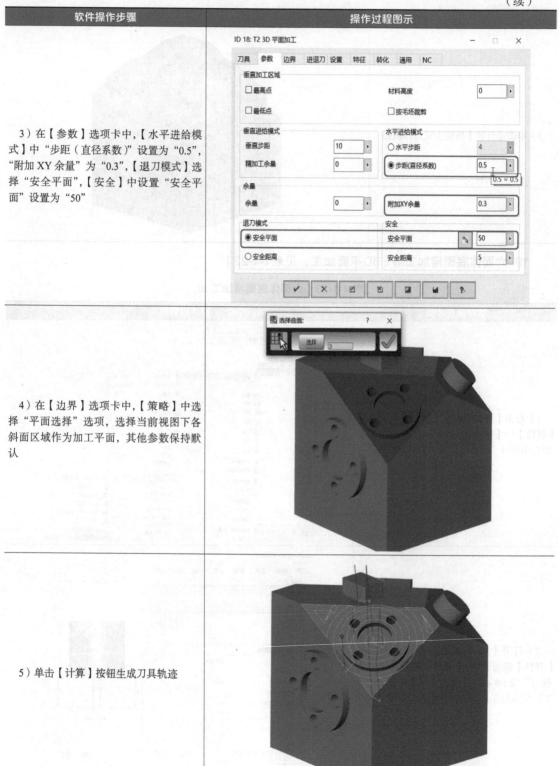
4）在【边界】选项卡中，【策略】中选择"平面选择"选项，选择当前视图下各斜面区域作为加工平面，其他参数保持默认	
5）单击【计算】按钮生成刀具轨迹	

20. 六面体侧壁精加工（基于3D模型的轮廓加工，见表4-1-24）

表 4-1-24 六面体侧壁精加工

软件操作步骤	操作过程图示
1）右击工单列表，选择【新建】→【复合工单】，在弹出的对话框中，将【复合工单】选项组的【名称】参数设置为"精加工侧壁"，设置好后单击【确认】按钮	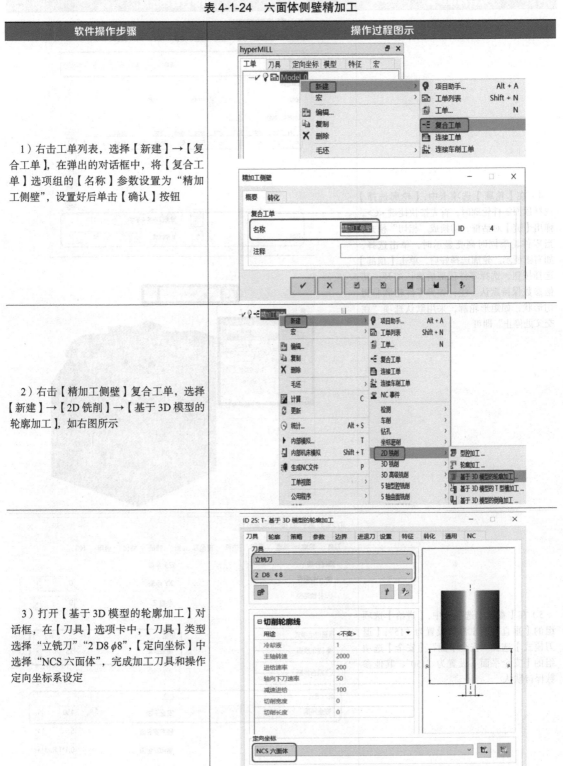
2）右击【精加工侧壁】复合工单，选择【新建】→【2D 铣削】→【基于 3D 模型的轮廓加工】，如右图所示	
3）打开【基于3D 模型的轮廓加工】对话框，在【刀具】选项卡中，【刀具】类型选择"立铣刀""2 D8 ϕ8"，【定向坐标】中选择"NCS 六面体"，完成加工刀具和操作定向坐标系设定	

（续）

软件操作步骤	操作过程图示
4）在【轮廓】选项卡中，【轮廓选择】选择顶面零件轮廓时，首先按快捷键<C>，弹出【链】对话框，切换成"相切"模式，当零件轮廓同时高亮显示时，单击选择，如右图所示。轮廓选择好后，单击【顶部】选择按钮，选择零件顶部后确认离开，其他参数保持默认。注：如果零件轮廓非相切形状，如矩形轮廓，采用默认选项"在交叉处停止"即可	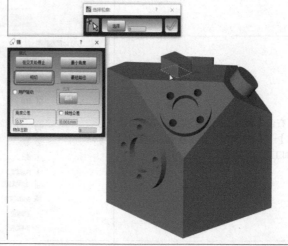
5）在【参数】选项卡中，【进给】选项组的【垂直步距】参数设置为"15"，【退刀模式】选择"安全平面"，【安全】选项组的【安全平面】设置为"150"，其他参数保持默认	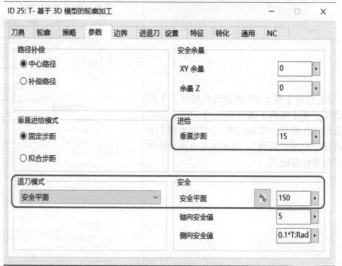

（续）

软件操作步骤	操作过程图示
6）单击【计算】按钮生成刀具轨迹	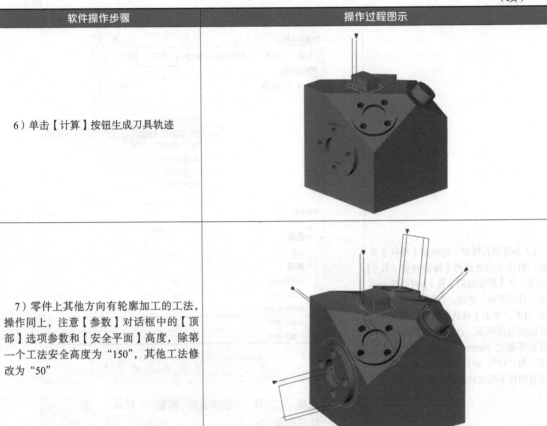
7）零件上其他方向有轮廓加工的工法，操作同上，注意【参数】对话框中的【顶部】选项参数和【安全平面】高度，除第一个工法安全高度为"150"，其他工法修改为"50"	

21. 六面体点孔加工（中心钻加工，见表4-1-25）

表4-1-25　六面体点孔加工（中心钻加工）

软件操作步骤	操作过程图示
1）右击工单列表，选择【新建】→【复合工单】，在弹出的对话框中，将【名称】参数设置为"钻孔加工"，设置好后单击【确认】按钮	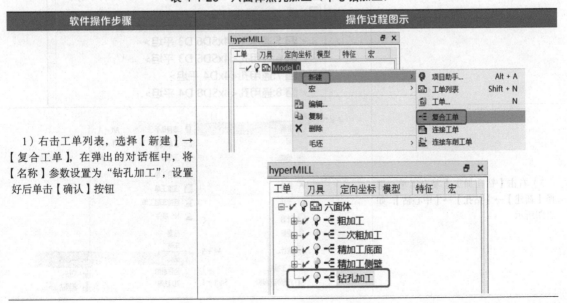

（续）

软件操作步骤	操作过程图示
	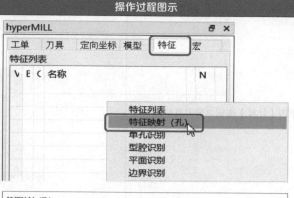
2）新建钻孔特征：切换到【特征】界面，右击空白处选择【特征映射（孔）】选项，在【特征映射（孔）】对话框中勾选"直径限制"功能，"最大直径"设置为"10"，单击【确认】按钮，创建特征方法如右图所示。注：整个零件最大孔直径不超过10mm，所以设置"最大直径"为"10"，钻孔特征生成后，整个零件有四种不同规格的特征孔	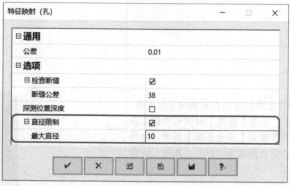 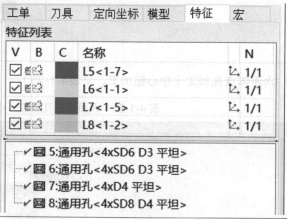
3）右击【钻孔加工】复合工单，选择【新建】→【钻孔】→【中心钻】，如右图所示	

（续）

软件操作步骤	操作过程图示
4）打开【中心钻】对话框，在【刀具】选项卡中，【刀具】类型选择"钻头""4 D8 ϕ8"，【定向坐标】选择"NCS 六面体"，其他参数保持默认	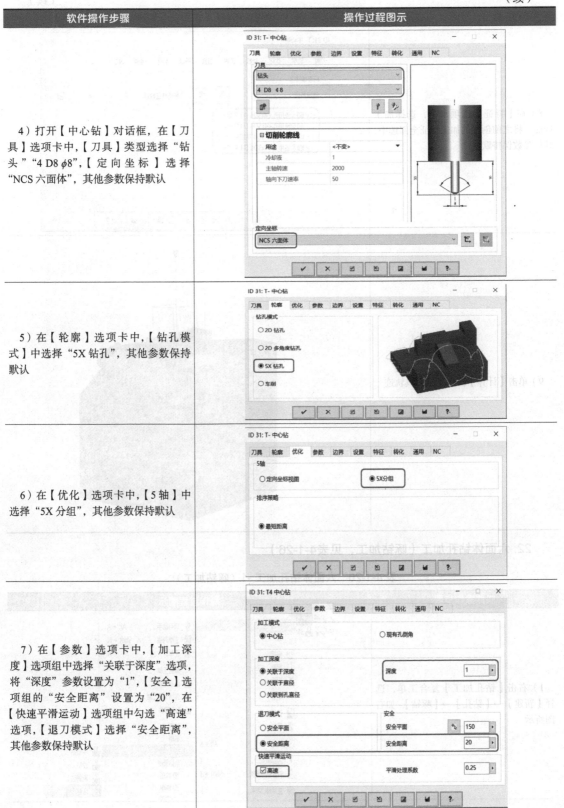
5）在【轮廓】选项卡中，【钻孔模式】中选择"5X 钻孔"，其他参数保持默认	
6）在【优化】选项卡中，【5 轴】中选择"5X 分组"，其他参数保持默认	
7）在【参数】选项卡中，【加工深度】选项组中选择"关联于深度"选项，将"深度"参数设置为"1"，【安全】选项组的"安全距离"设置为"20"，在【快速平滑运动】选项组中勾选"高速"选项，【退刀模式】选择"安全距离"，其他参数保持默认	

（续）

软件操作步骤	操作过程图示
8）在【特征】选项卡中，选择加工特征，将之前创建的加工特征全部选中，其他参数保持默认	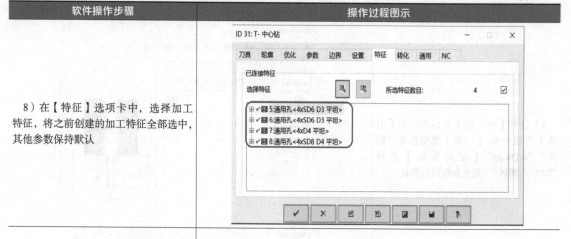
9）单击【计算】按钮生成刀具轨迹	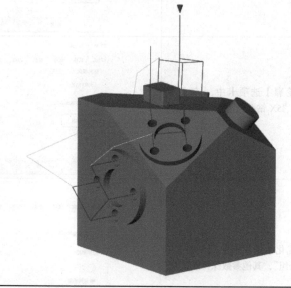

22. 六面体钻孔加工（啄钻加工，见表4-1-26）

表 4-1-26　六面体钻孔加工 -1（啄钻加工）

软件操作步骤	操作过程图示
1）右击【钻孔加工】复合工单，选择【新建】→【钻孔】→【啄钻】，如右图所示	

（续）

软件操作步骤	操作过程图示
2）打开【啄钻】对话框，在【刀具】选项卡中，【刀具】类型选择"钻头""5 D3 φ3"，【定向坐标】选择"NCS 六面体"，其他参数保持默认，与中心钻工法设置相同的部分不再另作介绍	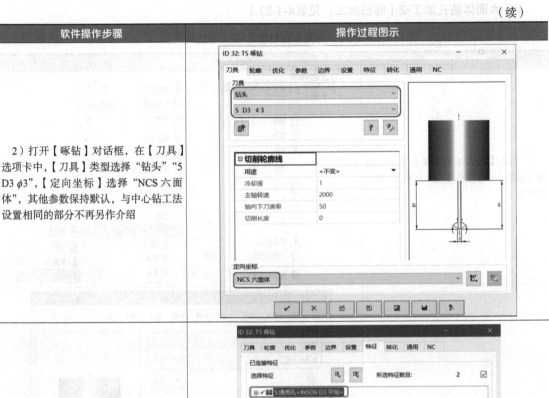
3）在【特征】选项卡中，选择之前创建的加工特征"通用孔 <4xSD6 D3 平坦>"，其他参数保持默认	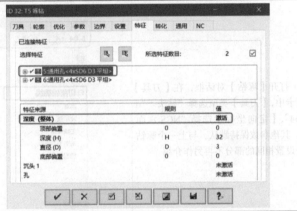
4）单击【计算】按钮生成刀具轨迹	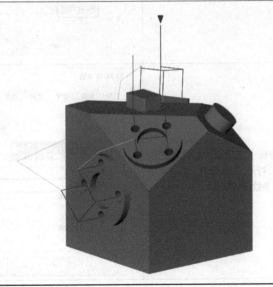

23. 六面体钻孔加工-2（啄钻加工，见表4-1-27）

表 4-1-27　六面体啄钻加工 -2（啄钻加工）

软件操作步骤	操作过程图示
1）右击【钻孔加工】复合工单，选择【新建】→【钻孔】→【啄钻】，如右图所示	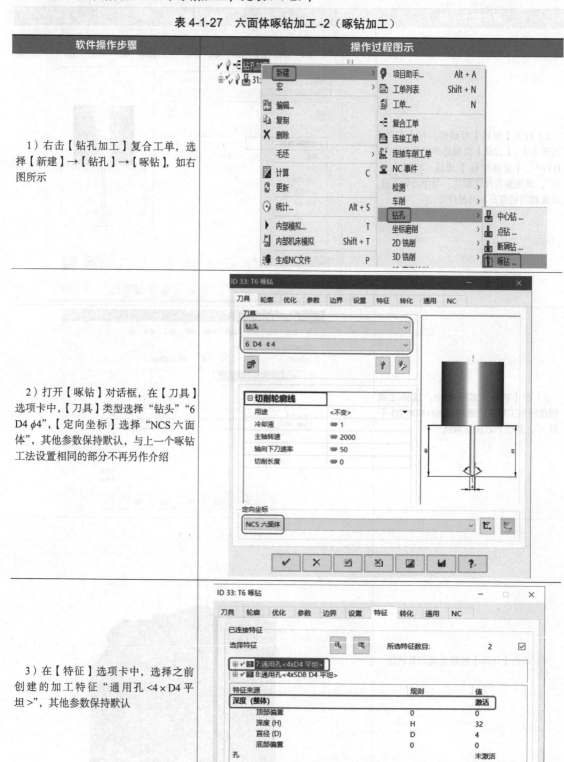
2）打开【啄钻】对话框，在【刀具】选项卡中，【刀具】类型选择"钻头""6 D4 ϕ4"，【定向坐标】选择"NCS 六面体"，其他参数保持默认，与上一个啄钻工法设置相同的部分不再另作介绍	
3）在【特征】选项卡中，选择之前创建的加工特征"通用孔 <4 × D4 平坦 >"，其他参数保持默认	

（续）

软件操作步骤	操作过程图示
4）单击【计算】按钮生成刀具轨迹	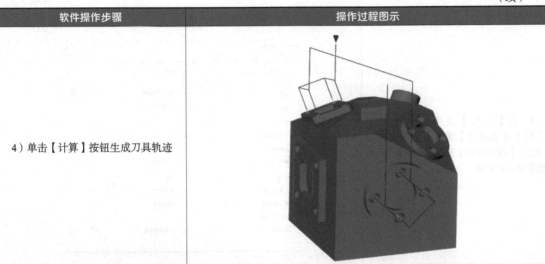

24. 六面体铣孔加工（螺旋钻加工，见表4-1-28）

表4-1-28　六面体铣孔加工（螺旋钻加工）

软件操作步骤	操作过程图示
1）右击【钻孔加工】复合工单，选择【新建】→【钻孔】→【螺旋钻】，如右图所示	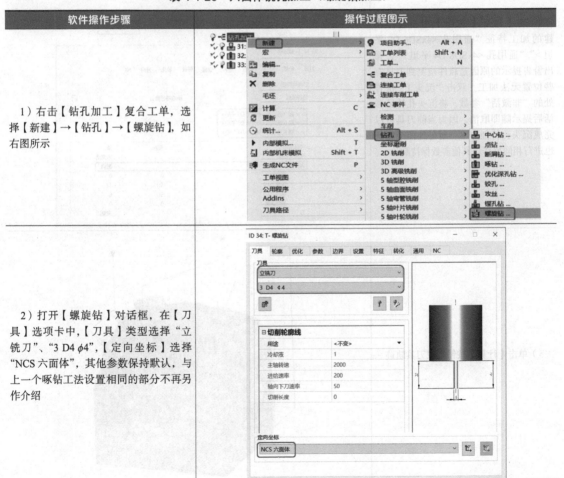
2）打开【螺旋钻】对话框，在【刀具】选项卡中，【刀具】类型选择"立铣刀"、"3 D4 ϕ4"，【定向坐标】选择"NCS 六面体"，其他参数保持默认，与上一个啄钻工法设置相同的部分不再另作介绍	

（续）

软件操作步骤	操作过程图示
3）在【参数】选项卡中，【加工参数】选项组的【螺距】参数设置为"0.5"，【路径方向】选择"顺时针"，其他参数保持默认	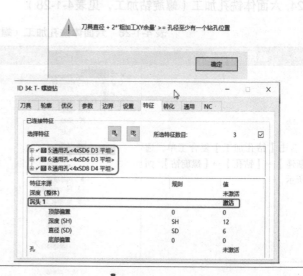
4）在【特征】选项卡中，选择创建的加工特征"通用孔 <4xSD6 D3 平坦 >""通用孔 <4xSD8 D4 平坦 >"，弹出警告提示的原因是软件检测到刀具有些位置无法加工。双击"沉头 1"位置处的"非激活"参数，将沉头孔特征激活后提示随即取消，因为当前刀具可以完成沉头孔特征加工，对另外两个特征也进行相同操作。其他参数保持默认	
5）单击【计算】按钮生成刀具轨迹	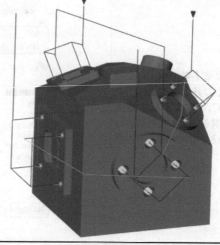

【任务评价】

完成本项目后，填写表 4-1-29 的任务评价表，并应做到：

1. 能够根据零件的技术要求完成工艺卡的正确编写。

2. 能完成工装夹具的选择与设计。

3. 能使用 hyperMILL 软件编写六面体零件的加工程序。

4. 能完成零件的程序仿真验证。

表 4-1-29 任务评价表

项　目	任务内容	自　评	教师评价
专业能力评价	零件分析（课前预习）		
	工艺卡编写		
	夹具设计与选择		
	程序的编写		
	合理的切削参数设定		
	程序的正确仿真		
关键能力	遵守课堂纪律		
	积极主动学习		
	团队协作能力		
	安全意识		
	服从指挥和管理		
检查评价	教师评语		
	评定等级	日　期	
	学生签字	教师签字	

注：评定等级为优、良、中。

【任务拓展】

1. 编写图 4-1-3 所示六面体零件的工艺卡。

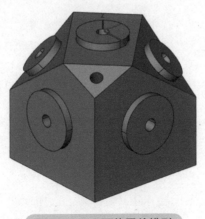

图 4-1-3 六面体零件模型

2. 使用 hyperMILL 软件编写图 4-1-3 所示零件的加工程序，并且完成程序的仿真验证。

模块五

五轴联动加工

通过本模块的学习，掌握五轴联动加工的概念、原理及其编程方法。学习完本模块可以轻松实现五轴联动加工的编程。

项目一

大力神杯加工

　　大力神杯作为加工教学中的重要零件，显然无法由三轴数控联动机床完成加工，而必须在五轴数控机床上进行加工。因为它有着较为复杂且繁多的片体结构，所以在加工中对其加工工单的选取尤为重要。

【任务描述】

　　校办工厂接到加工 100 件大力神杯零件（见图 5-1-1）的任务，该零件的毛坯为 6061 圆棒铝材，要求在一周内完成交付。零件的毛坯图如图 5-1-2 所示。

　　本项目教学学时为 8 学时，实操学时为 8 学时。

图 5-1-1　大力神杯三维结构图

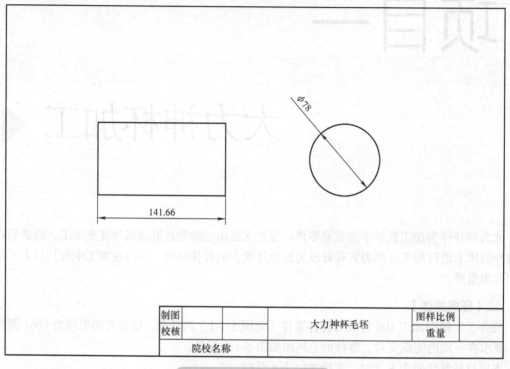

制图			大力神杯毛坯	图样比例	
校核				重量	
	院校名称				

图 5-1-2　大力神杯毛坯图

🎯【任务目标】

1. 能对大力神杯零件进行工艺分析，并制订加工工艺路线。
2. 能对该零件进行夹具的选择与设计。
3. 了解 hyperMILL 软件的使用方法。
4. 掌握优化粗加工方法。
5. 掌握等高精加工方法。
6. 掌握等距精加工方法。
7. 掌握轮廓加工方法。
8. 了解 hyperMILL 软件中 5X 单曲线侧刃加工的使用方法。

📝【任务分析】

认真读图，请填写以下空白处的内容：

零件材料为_____；加工数量为_____；零件表面热处理要求为_____；毛坯下料尺寸应为_____；选用的加工设备为_____；首件试切工时预估为_____；每个零件的批量加工工时预估为_____；几何公差要求有_____
_____；编程时需要用到的加工策略为_____
_____。

◎【任务实施】

一、加工工艺分析

加工工艺是指按照图样，将毛坯加工为形状、尺寸、表面精度和几何精度均合格的零件的全过程。加工工艺分析是工艺人员进行加工前所需要做的工作，避免在加工过程中发生加工失误，造成经济损失。因此，加工工艺分析在生产组织过程中是非常重要且不可或缺的。大力神杯加工工艺分析见表5-1-1。

表 5-1-1　大力神杯加工工艺分析

序号	项目	分析内容	备注
1	大力神杯加工零件分析	该零件是工艺品，结构中等复杂，主要是减小零件表面粗糙度值	
2	选用夹具分析	根据零件的结构特点与精度要求，可以选用通用自定心夹具	
3	切削用量分析	切削用量三要素，包括切削速度 v_c、进给量 f、背吃刀量 a_p；切削用量选择时要注意防止零件的加工变形，以及机床的刚度	
4	产品质量检测分析	零件模型外观完整度、表面粗糙度	

二、编制工艺卡

编制加工工艺卡需考虑本车间的设备条件，以及查阅机械加工工艺手册等参考资料，参考工艺卡见表5-1-2。

表 5-1-2　工艺卡

零件名称			零件数量		单位名称					
毛坯类型	材料		工艺卡号		工艺设计人				第　页	共　页
图示	工序号	工步	加工内容	刀具及材料	工艺装备 加工类别	切削参数				
						转速	进给速度	步距	切削深度	加工余量

三、设备、工具、量具、辅助准备

根据任务的加工要求，实施本任务需要的设备、辅助工量器具见表 5-1-3。

表 5-1-3　需要的设备、辅助工量器具

序号	名称	简图	型号 / 规格	数量	备注
1	五轴加工中心		机床行程： X 255mm Y 270mm Z 300mm A ± 110° C ± 360°	1 台	
2	刀具		直径 16mm 圆鼻刀 直径 10mm 立铣刀 直径 8mm 球刀 直径 6mm 球刀	根据工艺定	
3	自定心卡盘		直径 200mm	1 个	
4	游标卡尺		0.02mm	1 把	
5	游标深度卡尺		0.01mm	1 把	
6	百分表与表座		0.01mm	1 套	
7	铣刀柄		BT30	3 个	按每台加工中心配置

四、hyperMILL 软件编程加工

1. hyperMILL相关知识点

该零件主要用到五轴铣削的知识点，具体知识点见表 5-1-4。

表 5-1-4　hyperMILL 相关知识点

一级类型	二级类型 （工序类型）	三级类型 （工序子类型）	四级类型 （切削模式 / 循环类型 / 驱动方法）	五级类型 （刀轴控制类型）
粗加工	3D 铣削	3D 优化粗加工	识别 3D 模型	固定轴
半精加工	五轴型腔铣削	5X 等高精加工	识别 3D 模型	固定轴
精加工	五轴型腔铣削	5X 等高精加工	识别 3D 模型	固定轴
	3D 高级铣削	3D 等距精加工	轮廓曲线	固定轴
	五轴曲面铣削	5X 轮廓加工	轮廓曲线	跟随曲线
	五轴曲面铣削	5X 单曲线侧刃加工	轮廓曲线	跟随曲面

2. hyperMILL加工环境设置

hyperMILL 加工环境包括加工坐标系、部件、毛坯、刀具和加工方法，其设置见表 5-1-5。

表 5-1-5　hyperMILL 加工环境设置

软件操作步骤	操作过程图示
1）打开软件：在 Windows 系统中选择【开始】→【所有程序】→ hyperMILL2020.1 → 命令，进入 hyperMILL 初始界面	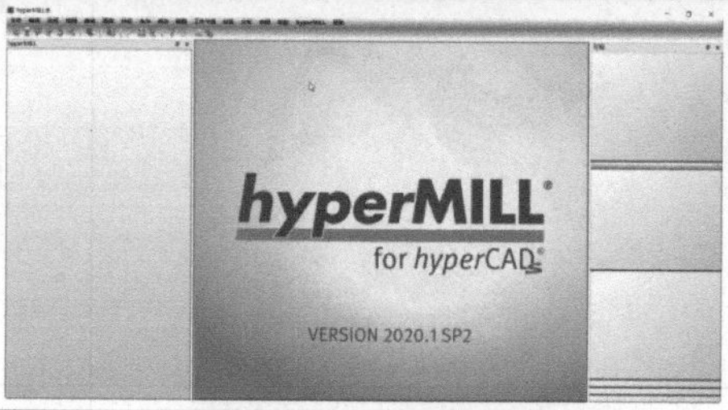
2）打开文件：在菜单栏中单击【文件】→【打开】，弹出【打开】对话框，选择下载文件中的大力神杯 .hmc 文件，单击【打开】按钮打开文件	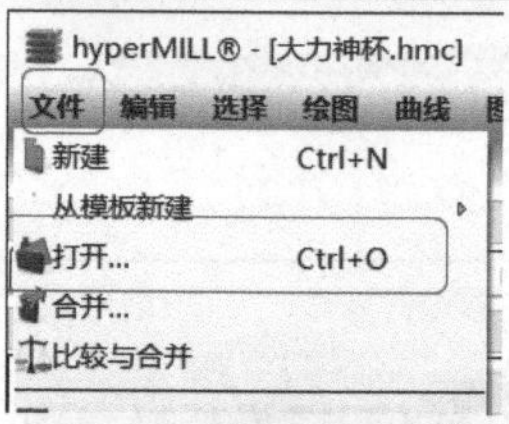 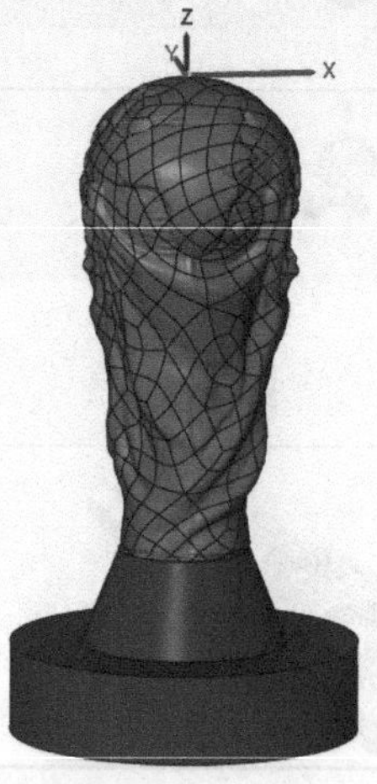

（续）

软件操作步骤	操作过程图示
3）创建毛坯：选择【分析】→【创建包容盒】，参数设置如右图所示	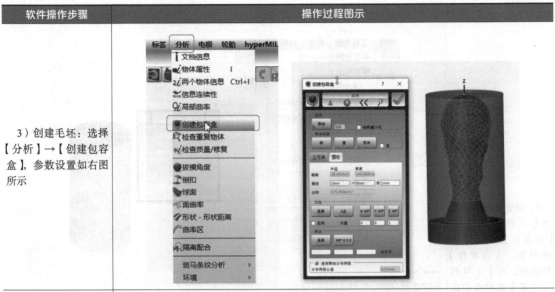
4）创建工单列表：右击 hyperMILL 空白区域选择【新建】→【工单列表】，参数设置如右图所示	

（续）

软件操作步骤	操作过程图示
5）创建坐标系：选择【工作平面】→【在面上】，进入【工单列表：大力神杯】对话框，在【工单列表设置】选项卡中选择NCS编辑坐标系统，参数设置如右图所示	
6）定义毛坯：在【零件数据】选项卡的【毛坯模型】中选择【新建毛坯】，在打开的【毛坯模型】对话框的【模式】选项组中选择"几何范围"，单击【计算】，参数设置如右图所示	

（续）

软件操作步骤	操作过程图示
7）定义模型：隐藏毛坯，在【零件数据】选项卡的【模型】选项组中单击【新建加工区域】按钮，打开【加工区域】对话框，在【定义】选项卡中，【模式】选择"曲面选择"，设置参数如右图所示，单击【√】按钮确认	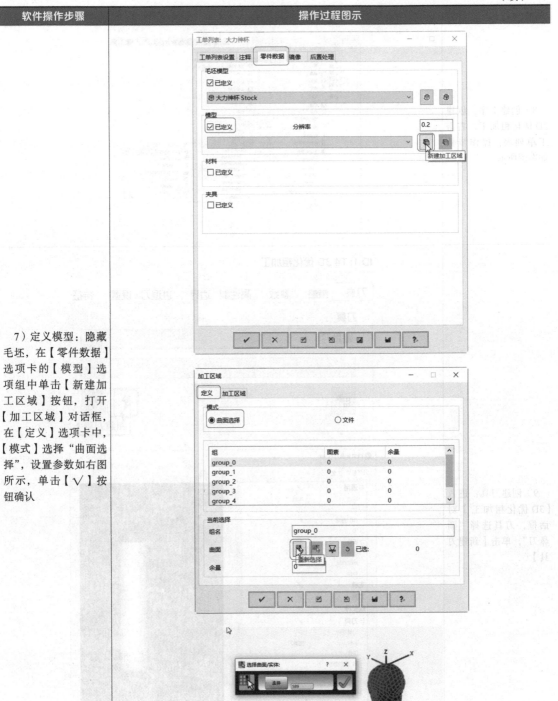

（续）

软件操作步骤	操作过程图示
8）创建工序：创建3D优化粗加工，右击工单列表，操作步骤如右图所示	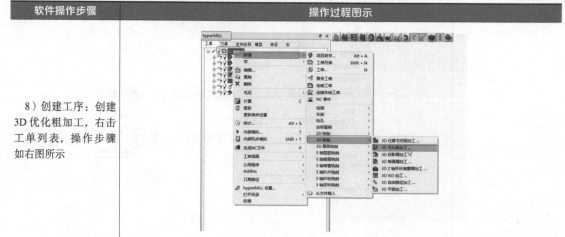
9）创建刀具：进入【3D优化粗加工】对话框，刀具选择"圆鼻刀"，单击【新建刀具】	ID 1: T4 3D 优化粗加工 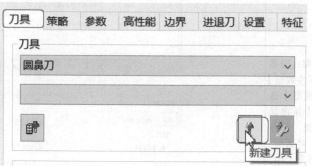 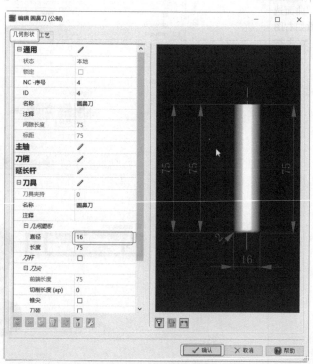

（续）

软件操作步骤	操作过程图示
10）创建坐标：在【刀具】选项卡的【定向坐标】中单击【新建坐标系统】，参数设置如右图所示	  

（续）

软件操作步骤	操作过程图示
11）设置参数：打开【参数】选项卡，参数设置如右图所示	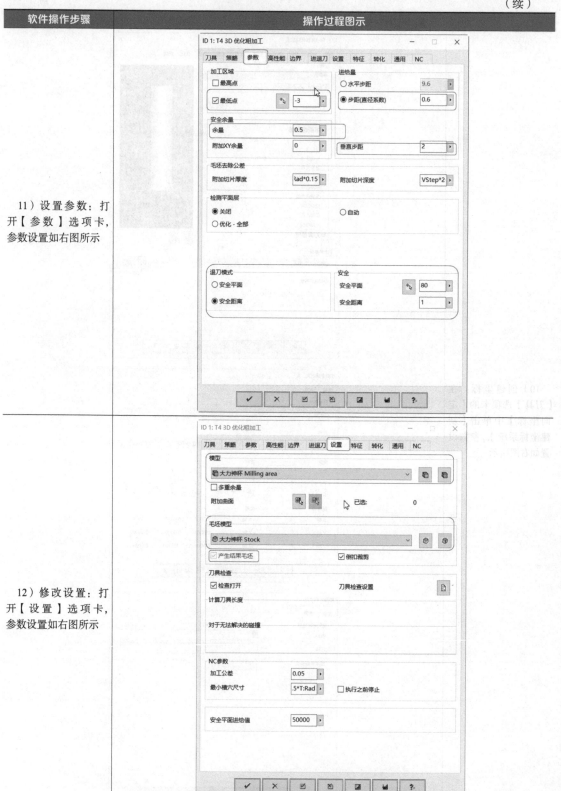
12）修改设置：打开【设置】选项卡，参数设置如右图所示	

（续）

软件操作步骤	操作过程图示
13）程序生成：单击【计算】生成刀具轨迹，如右图所示	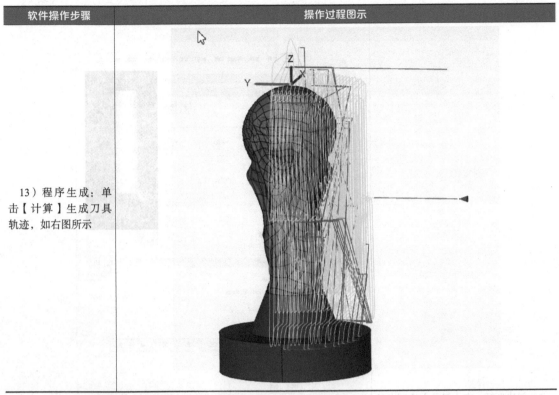

3. 3D优化粗加工（表5-1-6）

表 5-1-6　3D 优化粗加工

软件操作步骤	操作过程图示
1）创建工序：创建 3D 优化粗加工，右击工单列表，操作步骤如右图所示	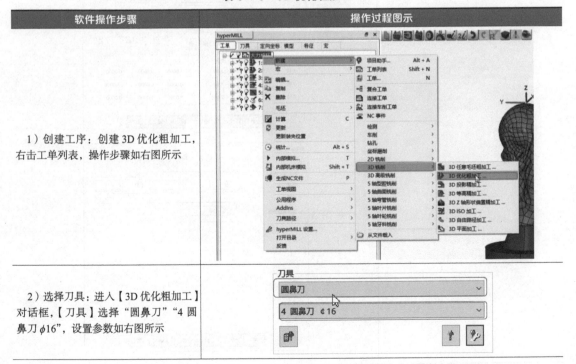
2）选择刀具：进入【3D 优化粗加工】对话框，【刀具】选择"圆鼻刀""4 圆鼻刀 $\phi16$"，设置参数如右图所示	

（续）

软件操作步骤	操作过程图示
	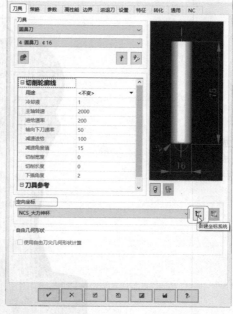
3）创建坐标：在【刀具】选项卡的【定向坐标】中单击【新建坐标系统】，参数设置如右图所示	

（续）

软件操作步骤	操作过程图示
4）设置参数：打开【参数】选项卡，参数设置如右图所示	ID 2: T4 3D 优化粗加工 — □ × 刀具　策略　参数　高性能　边界　进退刀　设置　特征　转化　通用　NC 加工区域　　　　　　　　　　进给量 □最高点　　　　　　　　　○水平步距　　　9.6 ☑最低点　　　-3　　　　　●步距(直径系数)　0.6 安全余量 余量　　　　0.5 附加XY余量　0　　　　　　　垂直步距　　　2 毛坯去除公差 附加切片厚度　lad*0.15　　附加切片深度　VStep*2 检测平面层 ●关闭　　　　　　　　　　　○自动 ○优化 - 全部 退刀模式　　　　　　　　　　安全 ○安全平面　　　　　　　　　安全平面　　　80 ●安全距离　　　　　　　　　安全距离　　　1 ✓　×　☑　☑　☑　☑　?
5）修改设置：打开【设置】选项卡，参数设置如右图所示	ID 2: T4 3D 优化粗加工 — □ × 刀具　策略　参数　高性能　边界　进退刀　设置　特征　转化　通用　NC 模型 大力神杯 Milling area □多重余量 附加画面　　　　　　　　　已选:　　　0 毛坯模型 1: T4 3D 优化粗加工 (大力神杯) ☑产生结果毛坯　　　　　　☑倒扣裁剪 刀具检查 ☑检查打开　　　　　　　　刀具检查设置 计算刀具长度 对于无法解决的碰撞 NC参数 加工公差　　0.05 最小槽穴尺寸　5*T:Rad　□执行之前停止 安全平面进给值　50000 ✓　×　☑　☑　☑　☑　?
6）程序生成：单击【计算】生成刀具轨迹，如右图所示	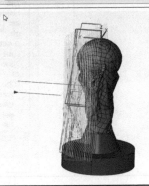

4. 5X等高精加工（表5-1-7）

表 5-1-7　5X 等高精加工

软件操作步骤	操作过程图示
1）创建工序：创建 5X 等高精加工，右击工单列表，操作步骤如右图所示	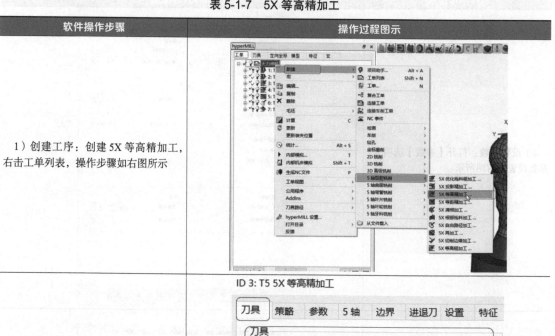
2）创建刀具：进入【5X 等高精加工】对话框，在【刀具】选项卡中单击【新建刀具】，参数设置如右图所示	ID 3: T5 5X 等高精加工 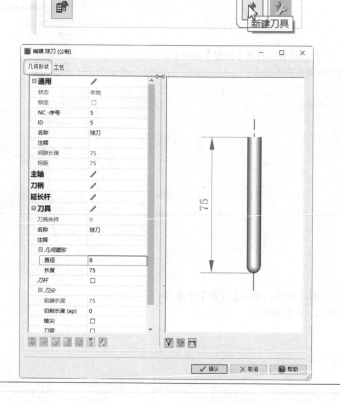

（续）

软件操作步骤	操作过程图示
3）设置坐标：在【刀具】选项卡的【定向坐标】中选择"NCS_大力神杯"，参数设置如右图所示	
4）设置策略：打开【策略】选项卡，参数设置如右图所示	

（续）

软件操作步骤	操作过程图示
5）设置参数：打开【参数】选项卡，参数设置如右图所示	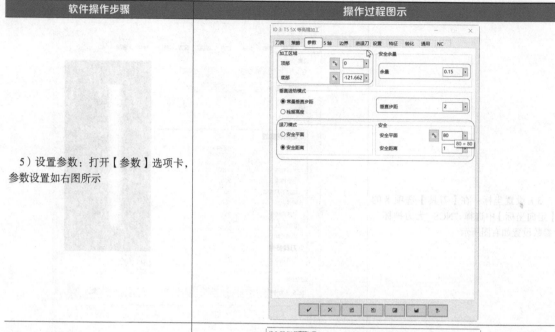
6）设置边界：打开【边界】选项卡，在【停止曲面】中单击【重新选择】，参数设置如右图所示	 

（续）

软件操作步骤	操作过程图示
7）设置进退刀：打开【进退刀】选项卡，参数设置如右图所示	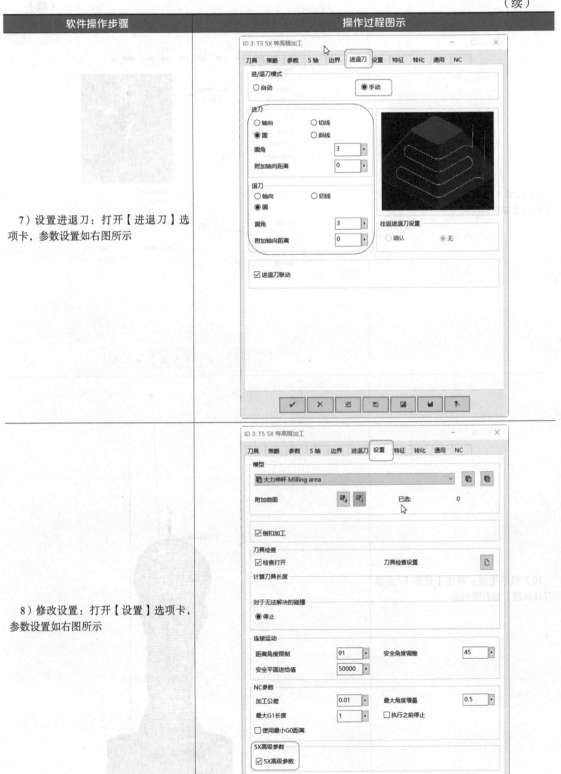
8）修改设置：打开【设置】选项卡，参数设置如右图所示	

（续）

软件操作步骤	操作过程图示
9）设置5轴：打开【5轴】选项卡，参数设置如右图所示	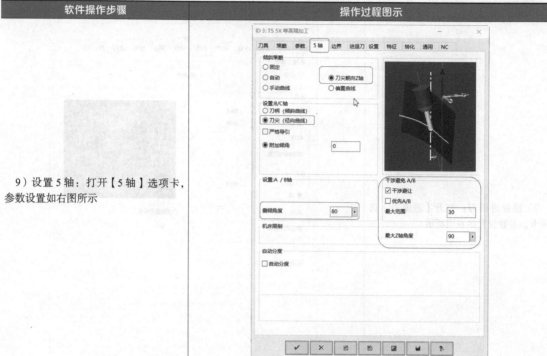
10）程序生成：单击【计算】，生成刀具轨迹，如右图所示	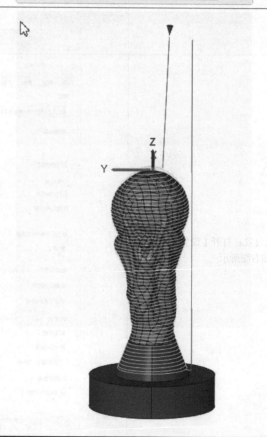

5. 复制5X等高精加工（表5-1-8）

表 5-1-8 复制 5X 等高精加工

软件操作步骤	操作过程图示
1）复制 5X 等高精加工：右击【5X 等高精加工】，选择【复制】、【粘贴】	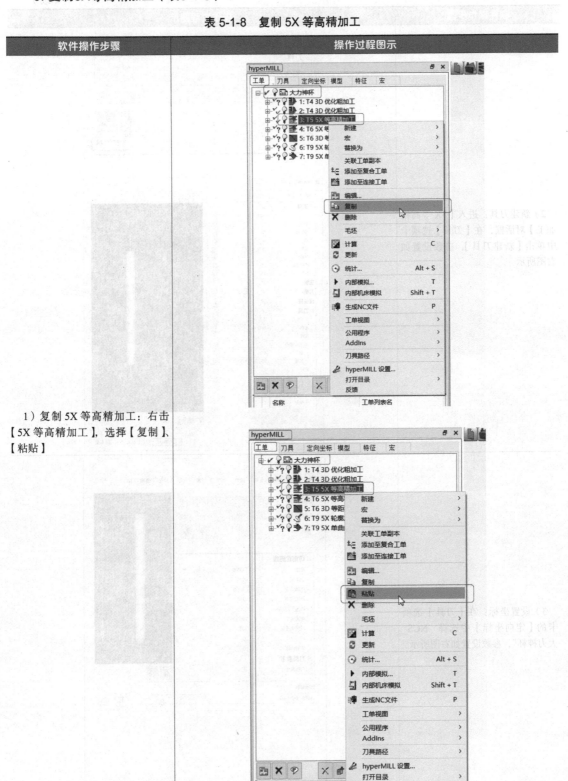

（续）

软件操作步骤	操作过程图示
	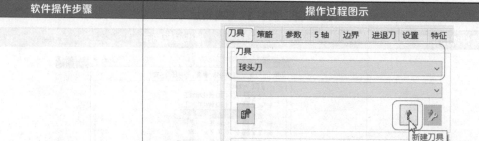
2）新建刀具：进入【5X 等高精加工】对话框，在【刀具】选项卡中单击【新建刀具】，参数设置如右图所示	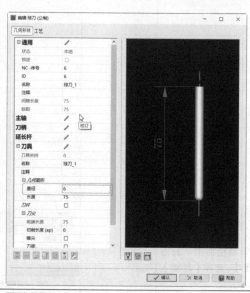
3）设置坐标：在【刀具】选项卡的【定向坐标】中选择"NCS_大力神杯"，参数设置如右图所示	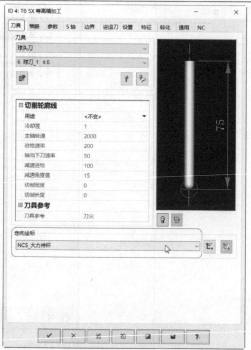

（续）

软件操作步骤	操作过程图示
4）设置参数：打开【参数】选项卡，参数设置如右图所示	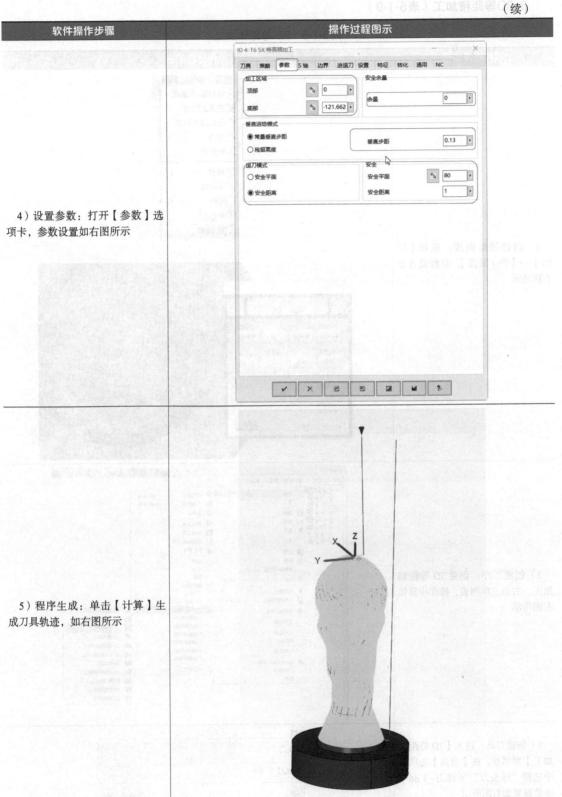
5）程序生成：单击【计算】生成刀具轨迹，如右图所示	

6. 3D等距精加工（表5-1-9）

表 5-1-9　3D 等距精加工

软件操作步骤	操作过程图示
1）创建辅助曲线：选择【绘图】→【圆／圆弧】，参数设置如右图所示	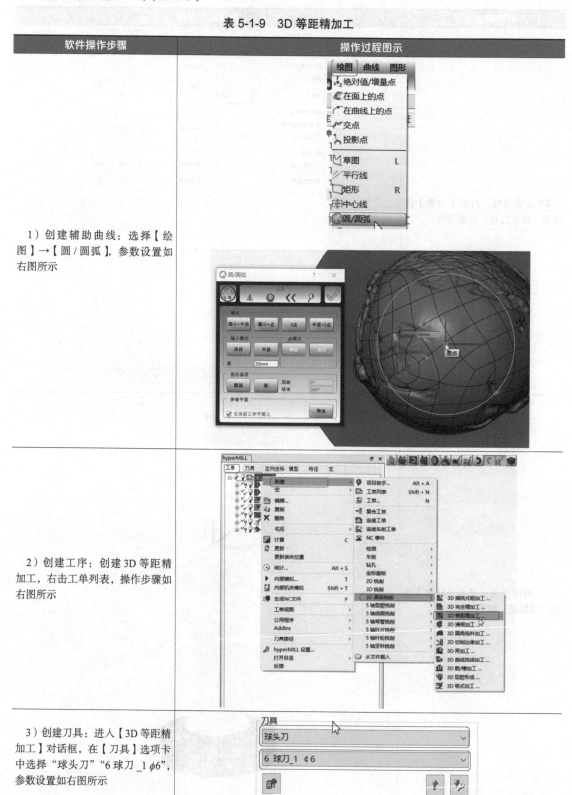
2）创建工序：创建 3D 等距精加工，右击工单列表，操作步骤如右图所示	
3）创建刀具：进入【3D 等距精加工】对话框，在【刀具】选项卡中选择"球头刀""6 球刀 _1 ϕ6"，参数设置如右图所示	

（续）

软件操作步骤	操作过程图示
4）设置坐标系：在【刀具】选项卡的【定向坐标】中选择"NCS_大力神杯"，参数设置如右图所示	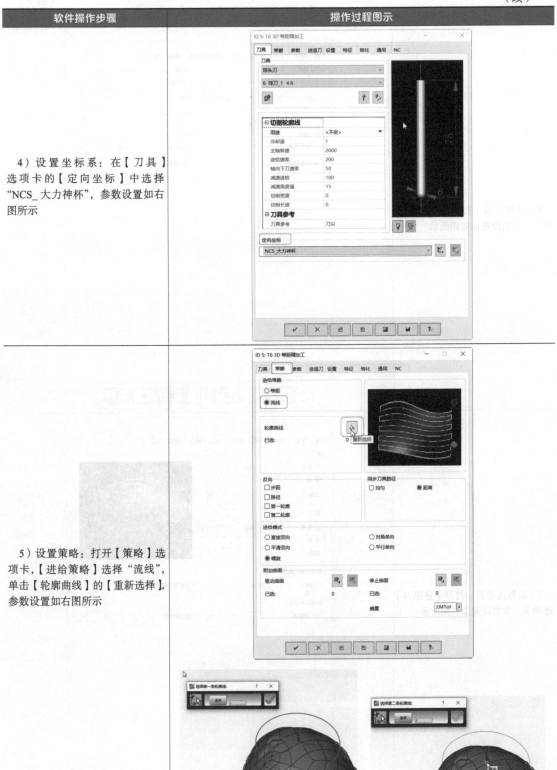
5）设置策略：打开【策略】选项卡，【进给策略】选择"流线"，单击【轮廓曲线】的【重新选择】，参数设置如右图所示	

（续）

软件操作步骤	操作过程图示
6）设置参数：打开【参数】选项卡，参数设置如右图所示	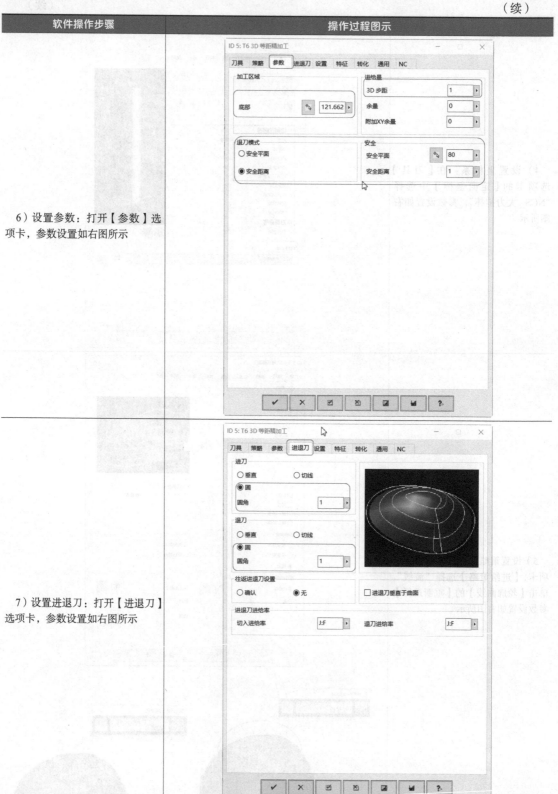
7）设置进退刀：打开【进退刀】选项卡，参数设置如右图所示	

（续）

软件操作步骤	操作过程图示
8）程序生成：单击【计算】，生成刀具轨迹，如右图所示	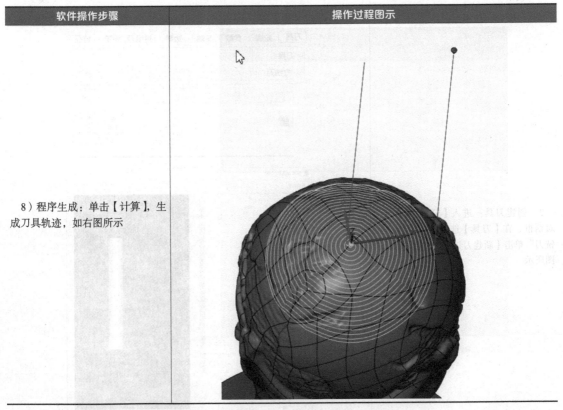

7. 5X轮廓加工（表5-1-10）

表 5-1-10　5X 轮廓加工

软件操作步骤	操作过程图示
1）创建工序：创建 5X 轮廓加工，右击工单列表，操作步骤如右图所示	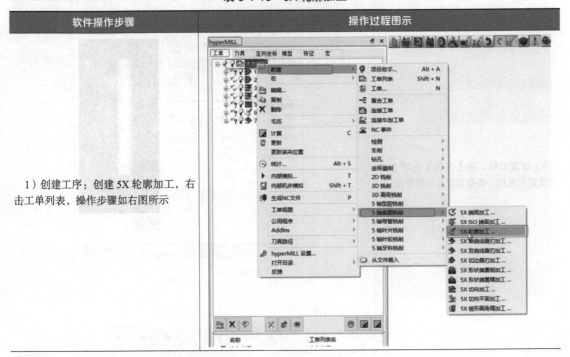

（续）

软件操作步骤	操作过程图示
2）创建刀具：进入【5X 轮廓加工】对话框，在【刀具】选项卡中选择"立铣刀"单击【新建刀具】，参数设置如右图所示	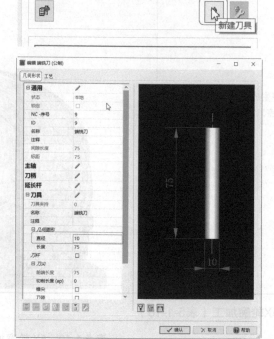
3）设置坐标：在【刀具】选项卡中设置定向坐标，参数设置如右图所示	

（续）

软件操作步骤	操作过程图示
4）设置轮廓：打开【轮廓】选项卡，在【轮廓选择】中单击【重新选择】，在【曲面选择】中单击【重新选择】，参数设置如右图所示	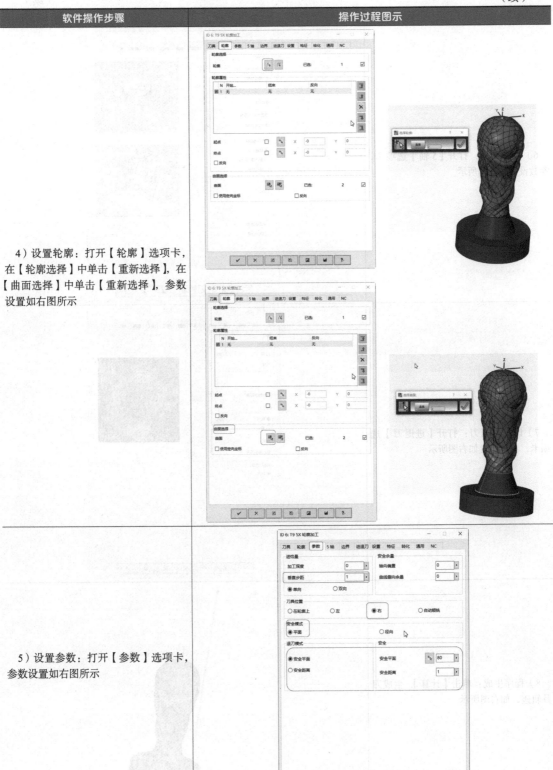
5）设置参数：打开【参数】选项卡，参数设置如右图所示	

（续）

软件操作步骤	操作过程图示
6）设置5轴：打开【5轴】选项卡，参数设置如右图所示	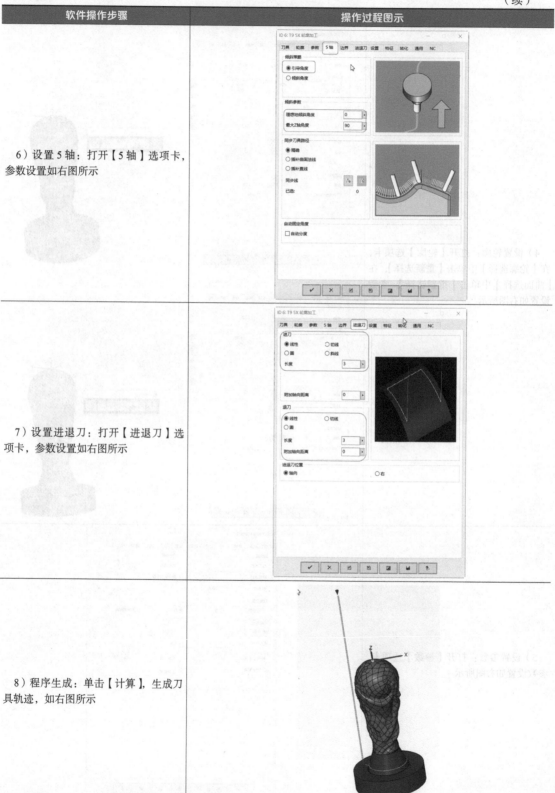
7）设置进退刀：打开【进退刀】选项卡，参数设置如右图所示	
8）程序生成：单击【计算】，生成刀具轨迹，如右图所示	

8. 5X单曲线侧刃加工（表5-1-11）

表 5-1-11　5X 单曲线侧刃加工

软件操作步骤	操作过程图示
1）创建工序：创建 5X 单曲线侧刃加工，右击工单列表，操作步骤如右图所示	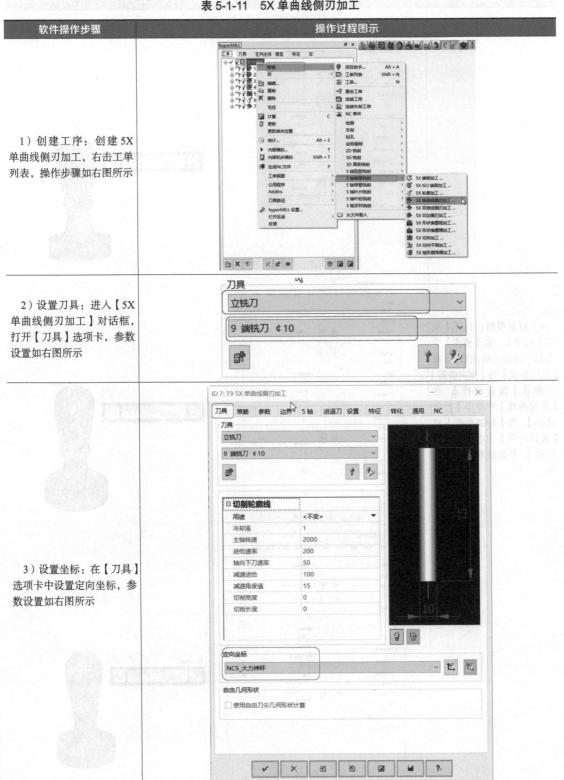
2）设置刀具：进入【5X 单曲线侧刃加工】对话框，打开【刀具】选项卡，参数设置如右图所示	
3）设置坐标：在【刀具】选项卡中设置定向坐标，参数设置如右图所示	

（续）

软件操作步骤	操作过程图示

4）设置策略：打开【策略】选项卡，在【模式】中选择"曲面上的曲线"，在【几何形状】的【侧向曲面】中单击【重新选择】，在【轮廓曲线】中单击【重新选择】，在【附加曲面】的【底部曲面】中单击【重新选择】，参数设置如右图所示	

（续）

软件操作步骤	操作过程图示
5）设置参数：打开【参数】选项卡，参数设置如右图所示	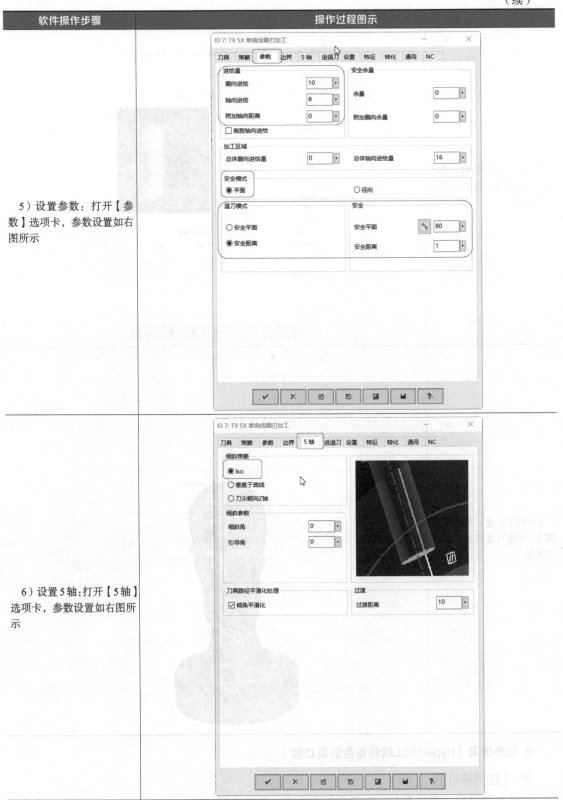
6）设置5轴：打开【5轴】选项卡，参数设置如右图所示	

（续）

软件操作步骤	操作过程图示
7）设置进退刀：打开【进退刀】选项卡，参数设置如右图所示	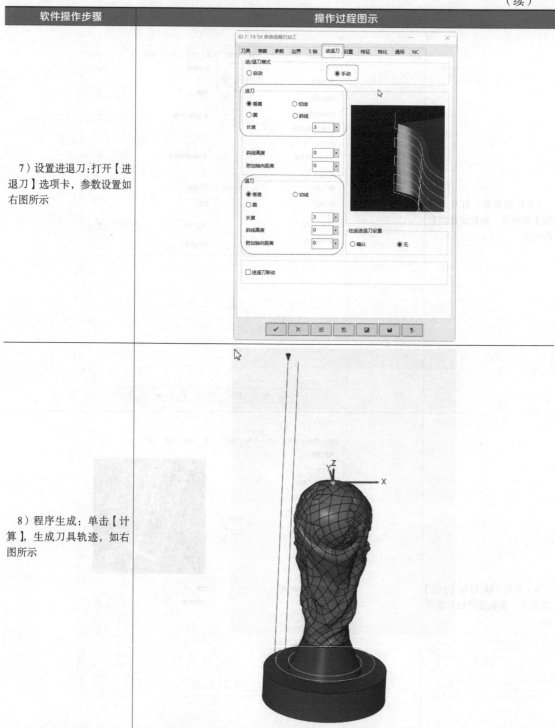
8）程序生成：单击【计算】，生成刀具轨迹，如右图所示	

9. 程序仿真（hyperMILL软件自带仿真功能）

【任务评价】

完成本项目后，填写表 5-1-12 的任务评价表，并应做到：

1. 能够根据零件图样及技术要求完成工艺卡的正确编写。
2. 能完成工装夹具的选择与设计。
3. 能使用 hyperMILL 软件编写大力神杯零件的加工程序。
4. 能完成零件的程序仿真验证。

表 5-1-12　任务评价表

项　目	任务内容	自　评	教师评价
专业能力评价	零件分析（课前预习）		
	工艺卡编写		
	夹具设计与选择		
	程序的编写		
	合理的切削参数设定		
	程序的正确仿真		
关键能力	遵守课堂纪律		
	积极主动学习		
	团队协作能力		
	安全意识		
	服从指挥和管理		
检查评价	教师评语		
	评定等级	日　期	
	学生签字	教师签字	

注：评定等级为优、良、中。

【任务拓展】

1. 编写如图 5-1-3 所示奖杯零件的工艺卡。

图 5-1-3　奖杯零件图

2. 使用 hyperMILL 软件编写图 5-1-3 所示零件的加工程序，并且完成程序的仿真验证。

项目二

国际象棋车（Rook）加工

通过本项目的学习，掌握五轴联动加工的概念及原理，掌握五轴联动加工的刀轴控制方式、联动加工策略的选择及刀轴投影方式。五轴联动加工是多轴加工编程中最复杂的，需要考虑的因素众多，所以本项目安排了多个零件加工案例来学习多轴加工编程。

【任务描述】

校办工厂接到加工一套国际象棋工艺品中的车（见图 5-2-1）的任务，毛坯坯料为 $\phi80mm \times 118.93mm$ 的 6061 铝合金，其中 $\phi76mm \times 20.96mm$ 处已经在车床上加工完成，在毛坯底面加工 $4 \times M6$ 的螺孔和 $2 \times \phi6mm$ 销钉孔，保证 $4 \times M6$ 的螺孔和 $2 \times \phi6mm$ 销钉孔的定心圆与 $\phi80mm \times 118.93mm$ 毛坯外圆同轴，以保证毛坯与夹具安装后同心。毛坯图如图 5-2-2 所示，要求在一周内完成交付。

本项目教学学时为 8 学时，实操学时为 8 学时。

图 5-2-1　国际象棋车（Rook）的三维结构图

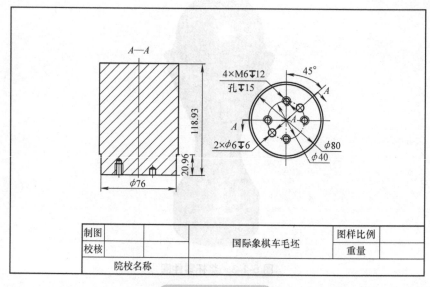

图 5-2-2　毛坯图

【任务目标】

1. 能对国际象棋车零件进行工艺分析，并制订加工工艺路线。

2. 能对该零件进行夹具的选择与设计。

3. 了解 hyperMILL 软件的 5X 单曲线侧刃加工、5X 轮廓加工、5X 再加工等的使用方法。

4. 掌握五轴加工的参数设置方法。

5. 掌握五轴刀轴控制的方法。

【任务分析】

认真读图，请填写以下空白处的内容：

零件材料为_____；加工数量为_____；零件表面热处理要求为_____；毛坯下料尺寸应为_____；选用的加工设备为_____；首件试切工时预估为_____；每个零件的批量加工工时预估为_____；几何公差要求为_____
_____；有公差要求的尺寸有_____。

【任务实施】

一、加工工艺分析

加工工艺是指按照图样，将毛坯加工为形状、尺寸、表面精度和几何精度均合格的零件的全过程。加工工艺分析是工艺人员进行加工前所需要做的工作，避免在加工过程中发生加工失误，造成经济损失。因此，加工工艺分析在生产组织过程中是非常重要且不可或缺的。国际象棋车零件加工工艺分析见表 5-2-1。

表 5-2-1　国际象棋车零件加工工艺分析

序号	项目	分析内容	备注
1	国际象棋车零件结构工艺分析	该零件利用三轴数控铣床和数控车床不能加工出来，因为利用三轴数控机床加工时会有多个倒钩处加工不到，即使没有倒钩问题，刀具伸出过长也会导致刀具刚性不好，而数控车床一般只能加工圆截面柱体类零件，所以选择在五轴数控机床上完成该模型的加工。该模型比较简单，只需要较少的加工策略即可完成	
2	选用夹具分析	根据零件的装夹要求采用自制夹具，将其锁紧在回转工作台上，以保证夹具中心与回转工作台中心重合。这种夹具利用螺钉锁紧，零件装夹牢固，比一些抱紧的夹具更可靠。这种夹具需要具有一定高度，在五轴加工时能更好地避免碰撞干涉	
3	加工刀具分析	$\phi 12$mm 的三刃立铣刀、$\phi 6R1$mm 圆鼻刀、$\phi 8$mm 立铣刀。其中 $\phi 12$mm 的三刃立铣刀有两把，第一把用来粗加工，第二把用来精加工	
4	切削用量分析	切削用量三要素，包括切削速度 V_c、进给量 f、背吃刀量 a_p；选择切削用量时要注意防止零件的加工变形，以及机床的刚度	
5	产品质量检测分析	为了检测该零件需准备以下辅助检测工具：游标深度卡尺、游标卡尺、R 规	

分组讨论并上交解决方案：

1. 零件整体开粗可以有哪几种方式？并阐述各种方式的优缺点。

2. 除了以上参考的夹具方案外是否还有其他装夹方案，在保证几何精度和加工效率的情况下，请在表 5-2-2 中绘制其他装夹方案。

表 5-2-2　其他装夹方案

手动绘制零件装夹简图	简单描述

二、编制工艺卡

编制加工工艺卡需考虑本车间的设备条件，以及查阅机械加工工艺手册等参考资料，工艺卡见表 5-2-3。

表 5-2-3　工艺卡

零件名称		单位名称		第　页　共　页
毛坯类型		工艺设计人		
零件数量		工艺卡号		
材料				

工序号	工步	加工内容	刀具及材料	工艺装备加工类别	切削参数				加工余量
					转速	进给速度	步距	切削深度	

图示

三、设备、工具、量具、辅助准备

根据任务的加工要求，填写本任务需要的设备、辅助工量器具见表 5-2-4。

表 5-2-4 需要的设备、辅助工量器具

序号	名称	简图	型号/规格	数量	备注
1	五轴加工中心		机床行程： X 650mm Y 520mm Z 475mm B −35°～+110° C 0°～360°	1台	
2	立铣刀		根据工艺定	根据工艺定	
3	自制卡盘		直径200mm	1个	
4	游标卡尺		0.02mm	1把	
5	游标深度卡尺		0.01mm	1把	
6	百分表与表座		0.01mm	1套	
7	R规			1套	
8	铣刀柄		BT40	3个	按每台加工中心配置

四、hyperMILL 软件编程加工

1. hyperMILL 相关知识点

该零件主要用到五轴铣削的知识点，具体知识点见表 5-2-5。

表 5-2-5　hyperMILL 相关知识点

一级类型	二级类型 （工序类型）	三级类型 （工序子类型）	四级类型 （切削模式 / 循环类型 / 驱动方法）	五级类型 （刀轴控制类型）
五轴铣削加工	五轴曲面铣削	5X 单曲线侧刃加工	曲面 / 曲线	ISO
		5X 轮廓加工	曲面 / 曲线	引导角度
	五轴型腔铣削	5X 等高精加工	曲面	自动
三轴铣削加工	3D 铣削	3D 优化粗加工	曲面	固定轴
		3D 平面加工	曲面	固定轴
	2D 铣削	基于 3D 模型的轮廓加工	曲线	固定轴
		轮廓加工	曲线	固定轴

2. hyperMILL加工环境设置

hyperMILL 加工环境包括加工坐标系、部件、毛坯、刀具和加工方法，其设置见表 5-2-6。

表 5-2-6　hyperMILL 加工环境设置

软件操作步骤	操作过程图示
1）在 Windows 系统中选择【开始】→【所有程序】→ hyperMILL 2020.1 命令，进入 hyperMILL 初始界面	
2）在菜单栏中单击【文件】→【打开】，弹出【打开】对话框，选择下载文件中的国际象棋车 .hmc 文件，单击【打开】按钮打开文件	
3）在【选择项目路径】对话框中单击【模型路径】，勾选"工单列表专用子目录"，单击【确认】按钮	

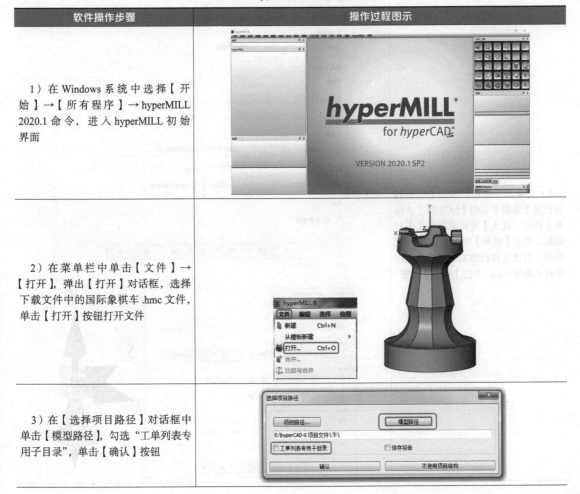

（续）

软件操作步骤	操作过程图示
4）按 <Ctrl+Shift+M> 组合键进入 hyperMILL 加工模块，在加工环境下按 <Shift+N> 组合键创建零件加工工单列表，可以对该工单列表进行加工坐标系、毛坯、工件等相关设定	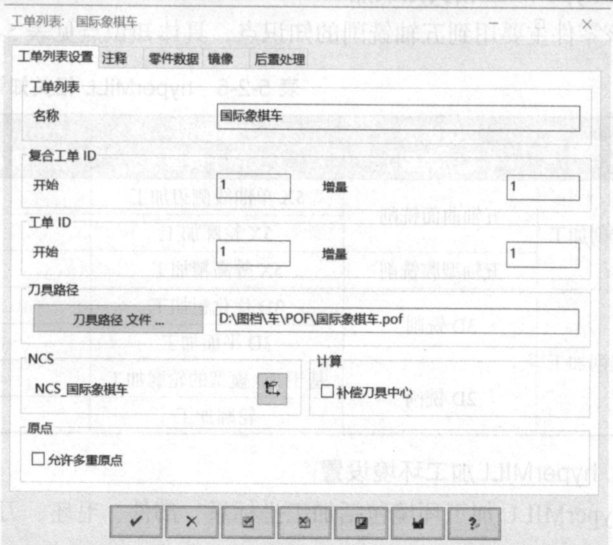 工单列表：国际象棋车 工单列表设置 注释 零件数据 镜像 后置处理 工单列表 名称 国际象棋车 复合工单 ID 开始 1 增量 1 工单 ID 开始 1 增量 1 刀具路径 刀具路径 文件 … D:\图档\车\POF\国际象棋车.pof NCS NCS_国际象棋车 计算 □补偿刀具中心 原点 □允许多重原点
5）创建加工坐标：单击【工单列表设置】选项卡中的【NCS 加工坐标系】图标，进入【定向坐标定义】对话框，单击【对齐】中的【工作平面】选项，前提是我们的工作坐标系就在零件上端面中心，单击【确认】按钮	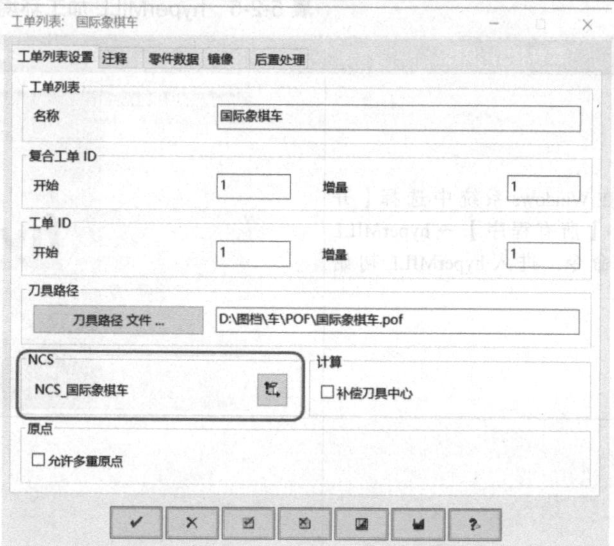 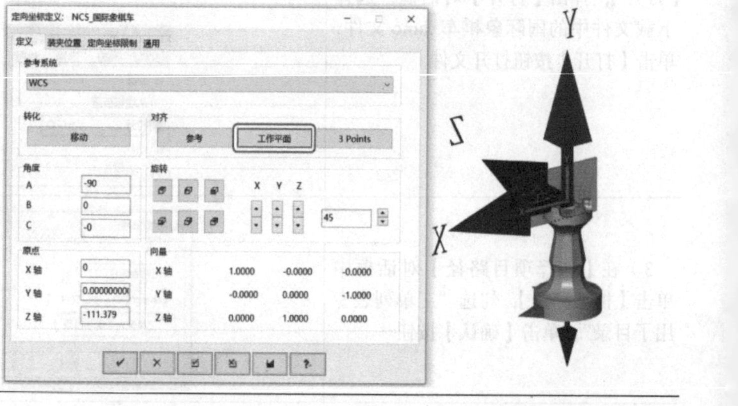 工单列表：国际象棋车 工单列表设置 注释 零件数据 镜像 后置处理 工单列表 名称 国际象棋车 复合工单 ID 开始 1 增量 1 工单 ID 开始 1 增量 1 刀具路径 刀具路径 文件 … D:\图档\车\POF\国际象棋车.pof NCS NCS_国际象棋车 计算 □补偿刀具中心 原点 □允许多重原点 定向坐标定义：NCS_国际象棋车 定义 装夹位置 定向坐标体制 通用 参考系统 WCS 转化 移动 对齐 参考 工作平面 3 Points 角度 A -90 B 0 C -0 旋转 X Y Z 45 原点 X轴 0 向量 X轴 1.0000 -0.0000 -0.0000 Y轴 0.00000000 Y轴 -0.0000 0.0000 -1.0000 Z轴 -111.379 Z轴 0.0000 1.0000 0.0000

（续）

软件操作步骤	操作过程图示
6）指定毛坯：在【工单列表】对话框界面，单击【零件数据】选项卡，在【毛坯模型】选项组中勾选"已定义"选项，单击【新建毛坯】图标，在【毛坯模型】对话框中选择"旋转"模式，再单击【轮廓曲线】图标，在绘图区点选提前绘制好的毛坯外形轮廓，生成毛坯后单击【确认】按钮，确认后回到【零件数据】选项卡	 
7）指定工件：在【零件数据】选项卡中，在【模型】选项组中勾选"已定义"选项，单击【新建加工区域】图标，在【加工区域】对话框中选择"曲面选择"模式，再单击【重新选择】图标，在绘图区框选绘制好的零件外形曲面，单击【确认】按钮，确认后回到【加工区域】对话框，再单击【确认】按钮，确认后回到【零件数据】选项卡	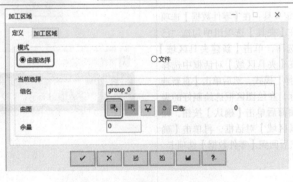 

（续）

软件操作步骤	操作过程图示
8）指定材料：在【零件数据】选项卡中取消勾选【材料】中的"已定义"选项。注：材料定义不是刀路生成必备条件，一般情况下不需要特别设置	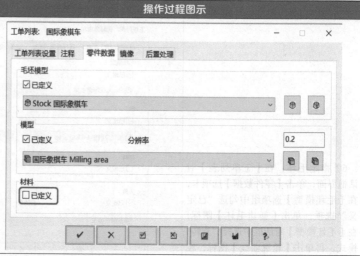
9）指定夹具：在【零件数据】选项卡中，在【夹具】选项组中勾选"已定义"选项，单击【新建夹具区域】图标，在【夹具区域】对话框中选择"曲面选择"模式，然后单击【重新选择】图标，在绘图区框选绘制好的夹具外形曲面后单击【确认】按钮，回到【夹具区域】对话框，再单击【确认】按钮后回到【零件数据】选项卡	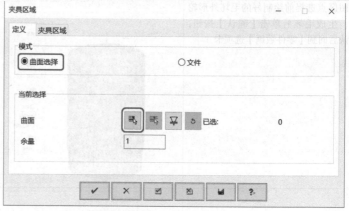 

（续）

软件操作步骤	操作过程图示
10）创建加工刀具——立铣刀：在 hyperMILL 工具栏操作视窗中选择【刀具】视窗，在【铣刀】窗口中右击空白处，选择【新建】→【立铣刀】，创建 ϕ12mm 立铣刀，弹出【编辑 端铣刀（公制）】对话框，在【几何形状】选项卡中设置【ID】为 1，【几何图形】的直径为 12mm，然后单击【确认】按钮退出对话框	 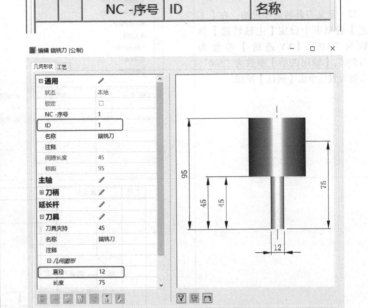
11）创建加工刀柄：同样在【几何形状】选项卡中，【刀柄】参数选择【从 CAD 中选择几何定义】选项，在绘图区中选择绘制好的刀柄二维图形后单击【确认】按钮，弹出【编辑几何】对话框，如需调整，进行修改后单击【确认】按钮。因为增加刀柄后需要调整【刀具夹持】长度为 45mm，单击【确认】按钮	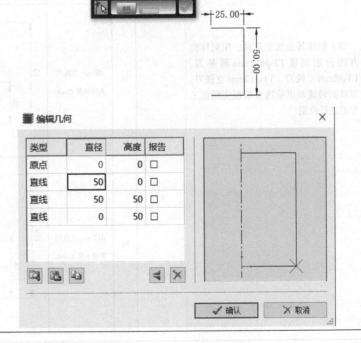

（续）

软件操作步骤	操作过程图示
12）定义刀具转速和进给：在【工艺】选项卡中设定【主轴转速】参数为"6000"，【XY进给】参数为"1500"，【轴向进给】参数为"500"，参数设置后单击【确认】按钮	
13）创建其他加工刀具：用同样的方法分别创建 T2-ϕ6R1mm 圆鼻刀、T3-ϕ8mm 立铣刀、T4-ϕ12mm 立铣刀，刀具的转速和进给速度根据实际加工参数进行设定	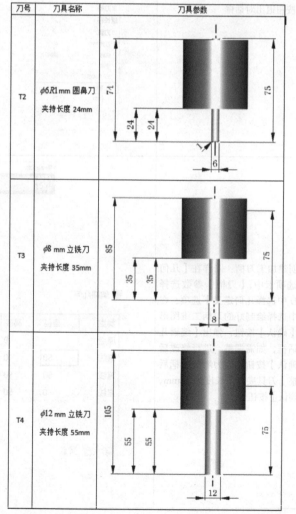

3. 粗加工-1（3D优化粗加工，见表5-2-7）

表 5-2-7　国际象棋车上部粗加工 -1（3D 优化粗加工）

软件操作步骤	操作过程图示
1）右击工单列表，选择【新建】→【复合工单】，将复合工单界面【名称】参数设置为"粗加工"，设置好后单击【确认】按钮	
2）右击复合工单【粗加工】，选择【新建】→【3D 铣削】→【3D 优化粗加工】，如右图所示	
3）打开【3D 优化粗加工】对话框，在【刀具】选项卡中，【刀具】类型选择"立铣刀""1 端铣刀 ϕ12"，【定向坐标】中选择"NCS_国际象棋车"，完成加工刀具和操作局部坐标系的设定	

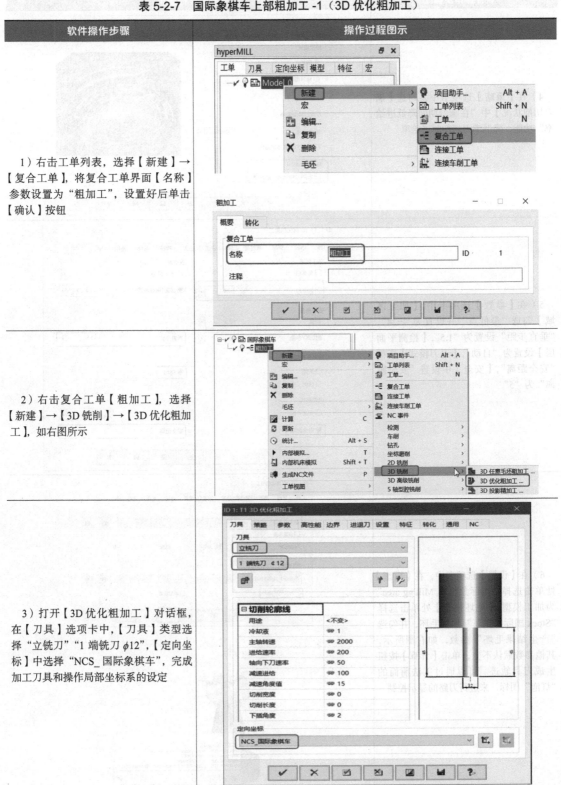

（续）

软件操作步骤	操作过程图示
4）在【策略】选项卡中，勾选【满刀切削状况】中"在满刀期间降低进给率"功能，降低满刀切削时进给率	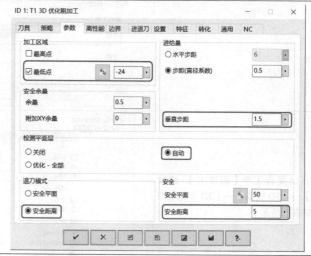
5）在【参数】选项卡中，【加工区域】勾选"最低点"并设置为"-24"，"垂直步距"设置为"1.5"，【检测平面层】设置为"自动"，【退刀模式】选择"安全距离"，【安全】中设置"安全距离"为"5"	
6）在【设置】选项卡中，在【模型】处单击选择"国际象棋车 Milling area"为加工模型，【毛坯模型】处单击选择"Stock 国际象棋车"加工毛坯，并勾选"产生结果毛坯"参数，如右图所示，其他参数默认不变，单击【计算】按钮生成刀具轨迹。可以通过工法前面的"灯泡"图标，来进行刀路的显示控制	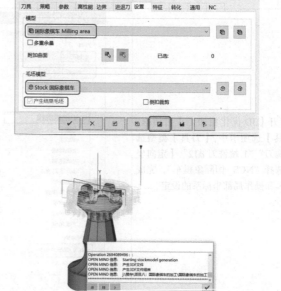

4. 粗加工-2（2D轮廓加工，见表5-2-8）

表 5-2-8　国际象棋车中部粗加工 -2（2D 轮廓加工）

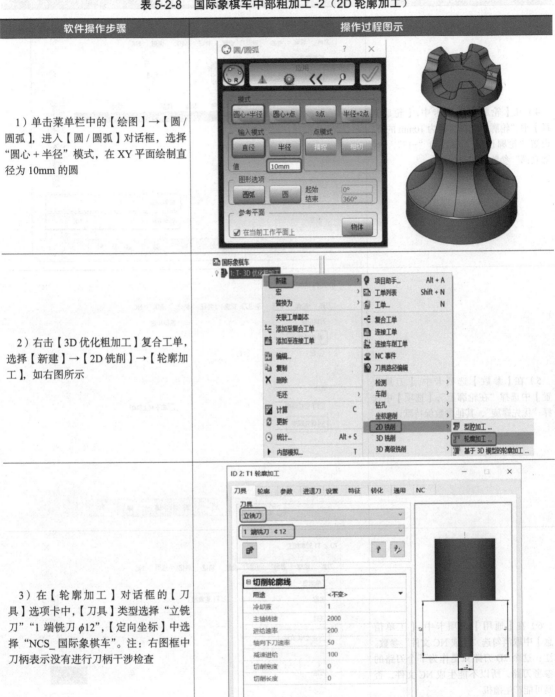

软件操作步骤	操作过程图示
1）单击菜单栏中的【绘图】→【圆 /圆弧 】，进入【圆 /圆弧 】对话框，选择 "圆心 + 半径"模式，在 XY 平面绘制直径为 10mm 的圆	
2）右击【3D 优化粗加工】复合工单，选择【新建】→【2D 铣削】→【轮廓加工】，如右图所示	
3）在【轮廓加工】对话框的【刀具】选项卡中，【刀具】类型选择 "立铣刀" "1 端铣刀 φ12"，【定向坐标】中选择 "NCS_国际象棋车"。注：右图框中刀柄表示没有进行刀柄干涉检查	

（续）

软件操作步骤	操作过程图示
4）在【轮廓】选项卡中，【轮廓选择】中"轮廓"选择直径为10mm的圆，设置"轮廓顶部"参数为"−17"，"轮廓底部"参数为"−100"	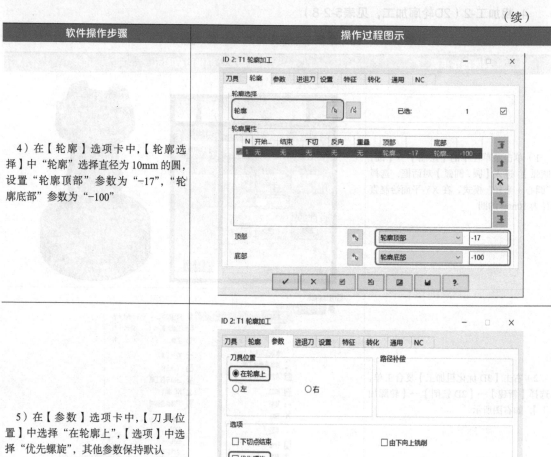
5）在【参数】选项卡中，【刀具位置】中选择"在轮廓上"，【选项】中选择"优先螺旋"，其他参数保持默认	
6）在【通用】选项卡中，【工单信息】中取消勾选"生成NC文件"参数。注：这个2D刀路只是作为下个刀路的参考刀路，所以不能生成NC文件，否则可能产生撞机	

（续）

软件操作步骤	操作过程图示
7）其他参数默认不变，单击【计算】按钮生成刀具轨迹。可以通过工法前面的"灯泡"图标，来进行刀路的显示控制	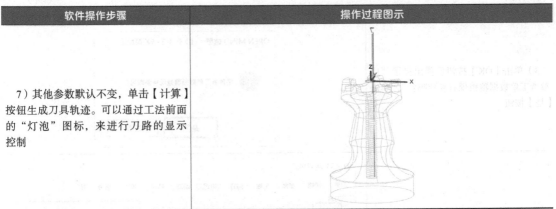

5. 粗加工-3（5X再加工，见表5-2-9）

表 5-2-9　国际象棋车中部粗加工 -3（5X 再加工）

软件操作步骤	操作过程图示
1）右击【3D 优化粗加工】复合工单，选择【新建】→【5 轴型腔铣削】→【5X 再加工】，如右图所示	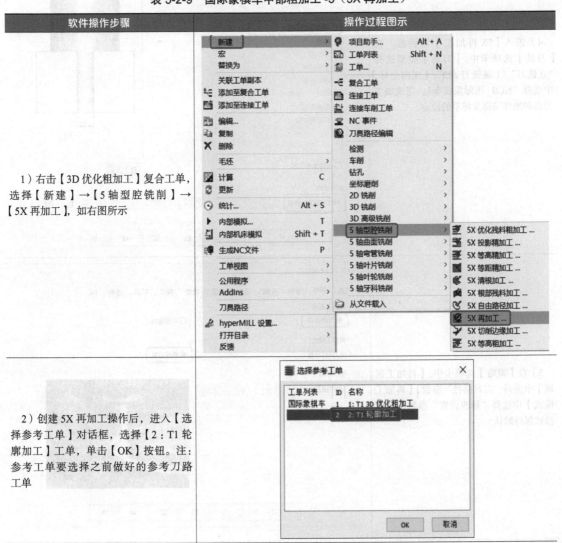
2）创建 5X 再加工操作后，进入【选择参考工单】对话框，选择【2：T1 轮廓加工】工单，单击【OK】按钮。注：参考工单要选择之前做好的参考刀路工单	

（续）

软件操作步骤	操作过程图示
3）单击【OK】按钮后弹出提示"用参考工单数据覆盖现有参数吗？"，单击【是】按钮	
4）进入【5X再加工】对话框，在【刀具】选项卡中，【刀具】类型选择"立铣刀""1 端铣刀 $\phi12$"，【定向坐标】中选择"NCS_国际象棋车"，完成加工刀具和操作局部坐标系的设定	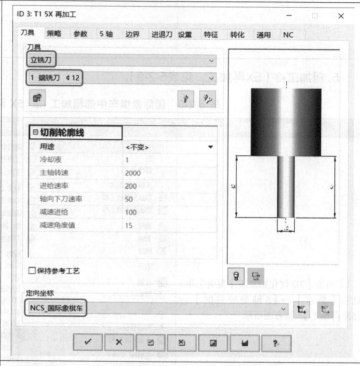
5）在【策略】选项卡中，【再加工区域】中选择"刀具路径"参数，【再加工模式】中选择"修改位置"参数，其他参数保持默认	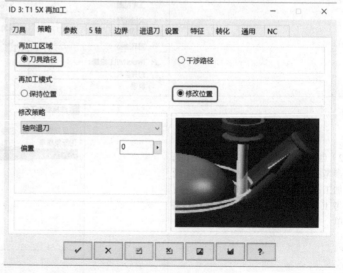

（续）

软件操作步骤	操作过程图示
6）在【参数】选项卡中，【毛坯余量】中的"余量"参数设置为"7"，其他参数保持默认	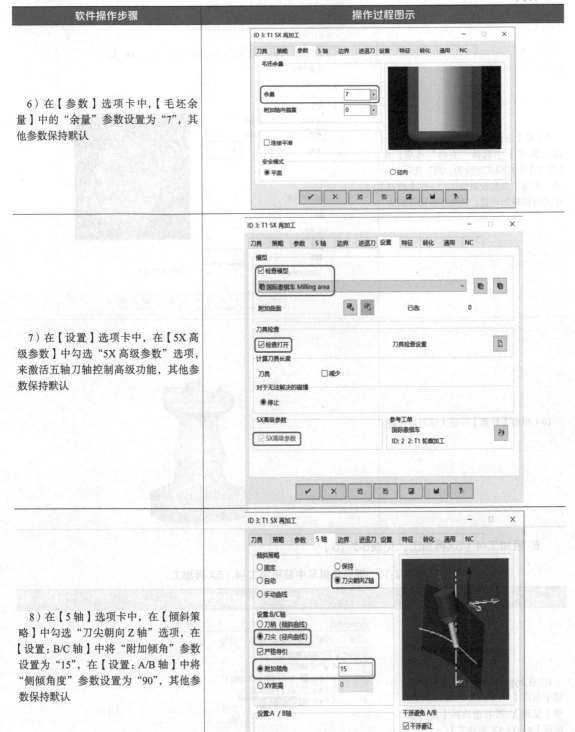
7）在【设置】选项卡中，在【5X高级参数】中勾选"5X高级参数"选项，来激活五轴刀轴控制高级功能，其他参数保持默认	
8）在【5轴】选项卡中，在【倾斜策略】中勾选"刀尖朝向Z轴"选项，在【设置：B/C轴】中将"附加倾角"参数设置为"15"，在【设置：A/B轴】中将"侧倾角度"参数设置为"90"，其他参数保持默认	

（续）

软件操作步骤	操作过程图示
9）在【进退刀】选项卡中，在【进/退刀模式】中选择"手动"选项，在【进刀】中将模式切换为"圆"选项，并将"圆角"参数设置为"3"，在【退刀】中进行同样的设置，其他参数保持默认	
10）单击【计算】按钮生成刀具轨迹	

6. 粗加工-4（5X再加工，见表5-2-10）

表5-2-10　国际象棋车中部粗加工-4（5X再加工）

软件操作步骤	操作过程图示
1）在hyperMILL工具栏操作视窗中右击【3：T1 5X再加工】，选择【复制】，再右击选择【粘贴】，出现【4：T1 5X再加工】	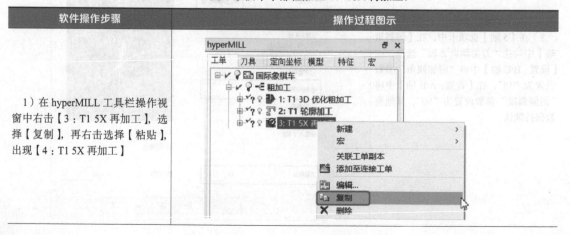

（续）

软件操作步骤	操作过程图示
2）双击打开【4 : T1 5X再加工】对话框，在【参数】选项卡的【毛坯余量】选项组中，修改"余量"为"0.5"，其他参数保持默认	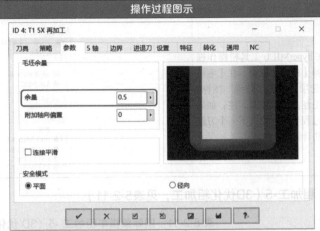
3）单击【计算】按钮生成刀具轨迹	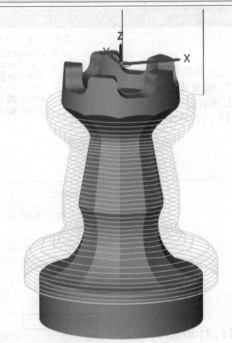
4）在hyperMILL工具栏操作视窗中按<Crtl>键，再单击【3 : T1 5X再加工】、【4 : T1 5X再加工】，右击选择【毛坯】→【生成毛坯链】，操作过程如右图所示	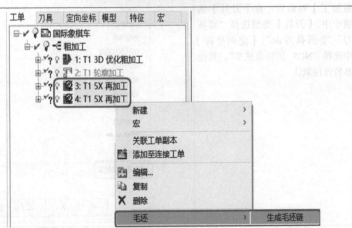

（续）

软件操作步骤	操作过程图示
5）在 hyperMILL 工具栏操作视窗中选择【模型】视窗，在【毛坯模型】选项下单击"灯泡"图标，来进行毛坯的显示控制。注：如果不计算过程毛坯，那么下一个刀路没有办法计算	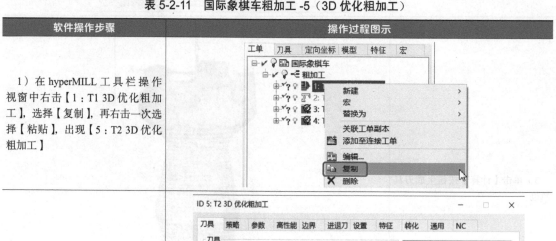

7. 粗加工 -5（3D 优化粗加工，见表 5-2-11）

表 5-2-11 国际象棋车粗加工 -5（3D 优化粗加工）

软件操作步骤	操作过程图示
1）在 hyperMILL 工具栏操作视窗中右击【1：T1 3D 优化粗加工】，选择【复制】，再右击一次选择【粘贴】，出现【5：T2 3D 优化粗加工】	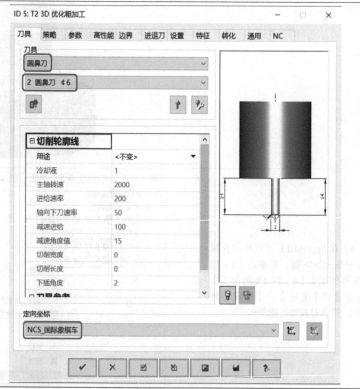
2）双击打开【5：T2 3D 优化粗加工】对话框，在【刀具】选项卡中，【刀具】类型选择"圆鼻刀""2 圆鼻刀 $\phi6$"，【定向坐标】中选择"NCS_国际象棋车"，其他参数保持默认	

（续）

软件操作步骤	操作过程图示
3）在【设置】选项卡中，在【毛坯模型】中选择"4：T1 5X 再加工（国际象棋车）"选项，其他参数保持默认	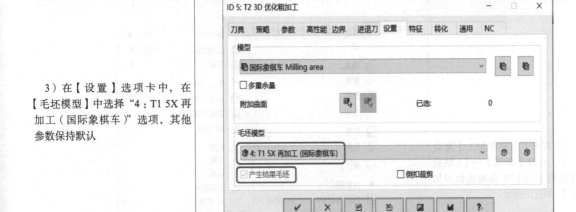
4）单击【计算】按钮生成刀具轨迹	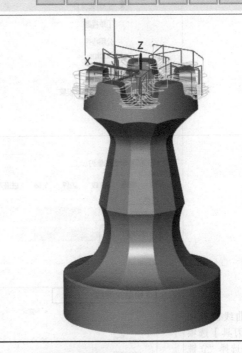

8. 上部精加工-1（5X单曲线侧刃加工，见表5-2-12）

表 5-2-12　上部精加工-1（5X 单曲线侧刃加工）

软件操作步骤	操作过程图示
1）右击工单列表，选择【新建】→【复合工单】，将复合工单界面【名称】参数设置为"上部精加工"，设置完成单击【确认】按钮	hyperMILL 工单　刀具　定向坐标　模型　特征　宏 国际象棋车 粗加工 1：T1 3D 优化粗加工 2：T1 轮廓加工 3：T1 5X 再加工 4：T1 5X 再加工 5：T2 3D 优化粗加工 上部精加工

（续）

软件操作步骤	操作过程图示
2）右击【上部精加工】复合工单，选择【新建】→【5轴曲面铣削】→【5X单曲线侧刃加工】，如右图所示	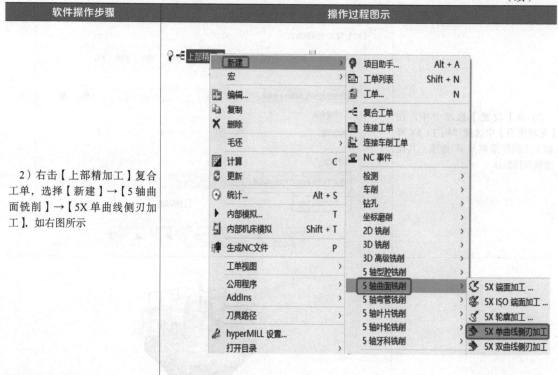
3）打开【5X单曲线侧刃加工】对话框，在【刀具】选项卡中，【刀具】类型选择"立铣刀""3端铣刀 $\phi 8$"，其他参数保持默认	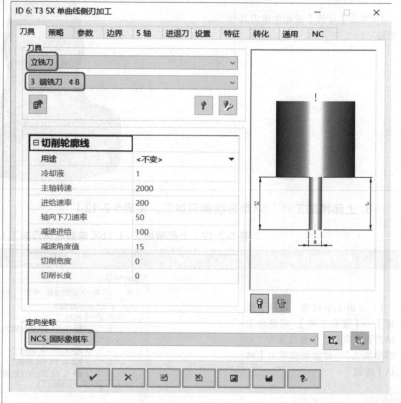

（续）

软件操作步骤	操作过程图示
4）在【策略】选项卡中，在【几何形状】中选择"侧向曲面"参数图标，按 <Shift+T> 组合键选择头部曲面，如右图所示。选择"轮廓曲线"参数图标，按 <C> 快捷键，打开【链】对话框，选择"相切"模式，选择头部曲线，如右图所示。在【反向】中勾选"切削侧面"参数，其他参数保持默认	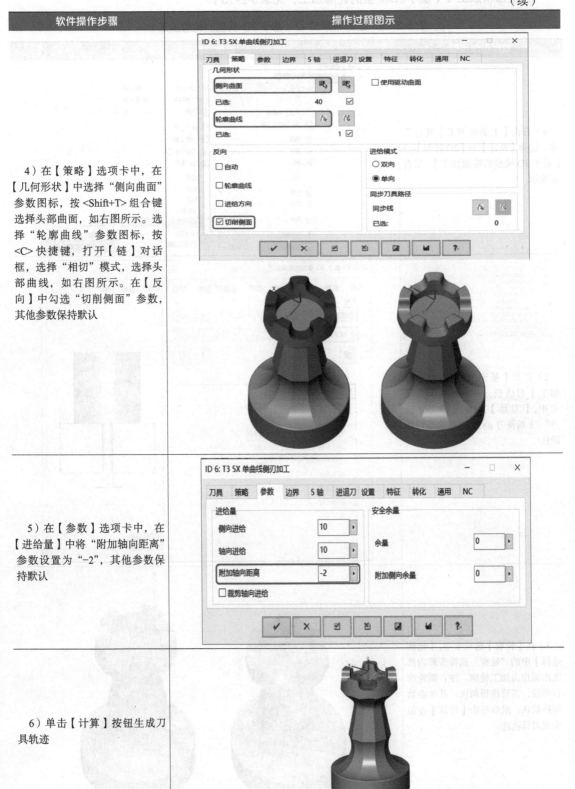
5）在【参数】选项卡中，在【进给量】中将"附加轴向距离"参数设置为"−2"，其他参数保持默认	
6）单击【计算】按钮生成刀具轨迹	

9. 上部精加工-2（基于3D模型的轮廓加工，见表5-2-13）

表 5-2-13　上部精加工 -2（基于 3D 模型的轮廓加工）

软件操作步骤	操作过程图示
1）右击【上部精加工】复合工单，选择【新建】→【2D 铣削】→【基于 3D 模型的轮廓加工】，如右图所示	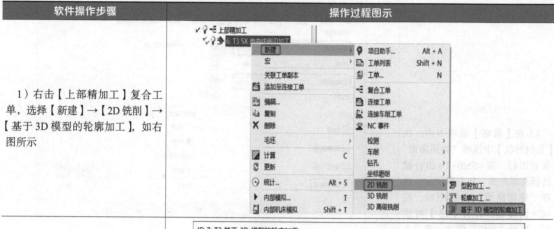
2）打开【基于 3D 模型的轮廓加工】对话框，在【刀具】选项卡中，【刀具】类型选择"立铣刀""3 端铣刀 ϕ8"，其他参数保持默认	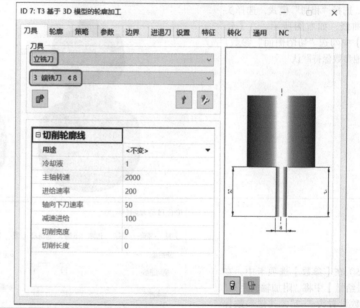
3）在【轮廓】选项卡中，【轮廓选择】中的"轮廓"选择头部内部底面圆作为加工轮廓。注：圆轮廓有两段，需要选择两次。其他参数保持默认，最后单击【计算】按钮生成刀具轨迹	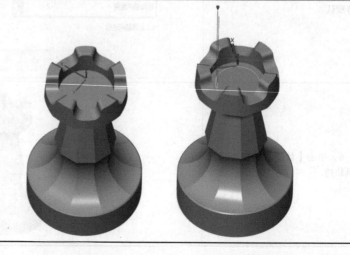

10. 上部精加工-3（3D平面加工，见表5-2-14）

表 5-2-14　上部精加工 -3（3D 平面加工）

软件操作步骤	操作过程图示
1）右击【上部精加工】复合工单，选择【新建】→【3D 铣削】→【3D 平面加工】，如右图所示	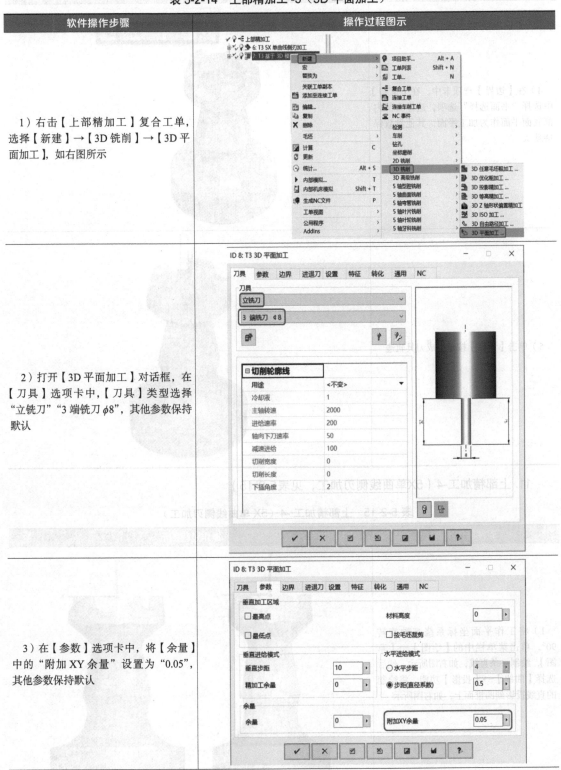
2）打开【3D 平面加工】对话框，在【刀具】选项卡中，【刀具】类型选择"立铣刀""3 端铣刀 ϕ8"，其他参数保持默认	
3）在【参数】选项卡中，将【余量】中的"附加 XY 余量"设置为"0.05"，其他参数保持默认	

（续）

软件操作步骤	操作过程图示
4）在【边界】选项卡中，在【策略】中选择"平面选择"选项，选择头部内部底面平面作为加工平面，其他参数保持默认	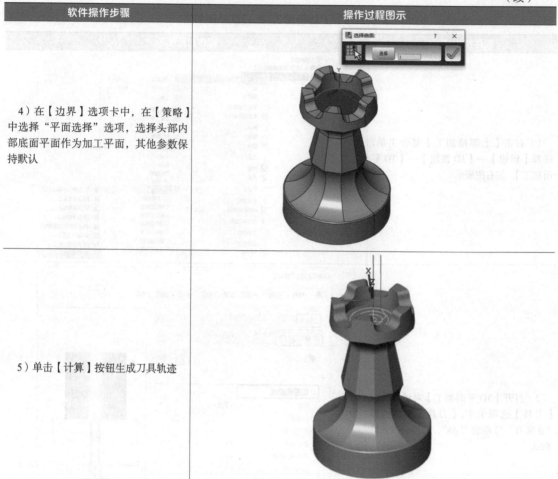
5）单击【计算】按钮生成刀具轨迹	

11. 上部精加工-4（5X单曲线侧刃加工，见表5-2-15）

表 5-2-15　上部精加工 -4（5X 单曲线侧刃加工）

软件操作步骤	操作过程图示
1）将工作平面坐标系绕 X 轴旋转90°，单击菜单栏中的【绘图】→【草图】，绘制一条直线，如右图所示。然后选择【曲线】→【投影】功能，将绘制的直线投影到圆锥面上，如右图所示	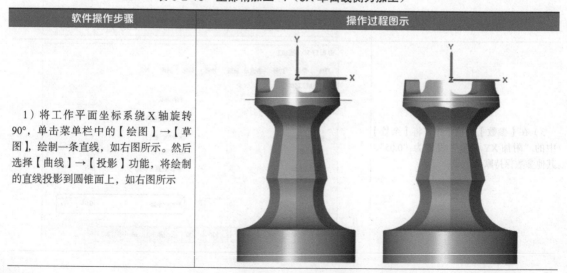

（续）

软件操作步骤	操作过程图示
2）右击【上部精加工】复合工单，选择【新建】→【5轴曲面铣削】→【5X单曲线侧刃加工】，如右图所示	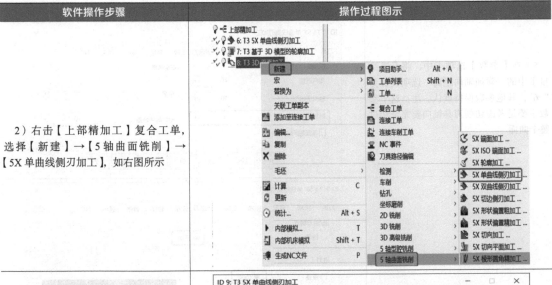
3）打开【5X单曲线侧刃加工】对话框，在【刀具】选项卡中，【刀具】类型选择"立铣刀""3端铣刀 φ8"，其他参数保持默认	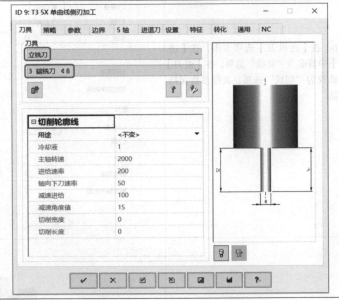
4）在【策略】选项卡中，【几何形状】中的"侧向曲面"选择头部侧向曲面，"轮廓曲线"选择刚绘制好的曲线，如右图所示，其他参数保持默认	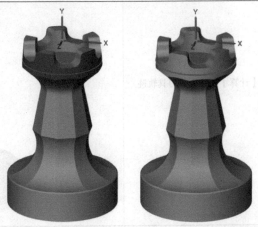

（续）

软件操作步骤	操作过程图示
5）在【参数】选项卡中，将【进给量】中的"附加轴向距离"选项设置为"-6"，其他参数保持默认。注：这个参数主要是考虑切削刀具轴向要完全切过整个曲面	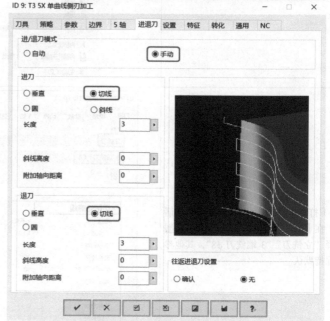
6）在【进退刀】选项卡中，在【进刀】中修改为"切线"选项，在【退刀】中修改为"切线"选项，其他参数保持默认	
7）单击【计算】按钮生成刀具轨迹	

12. 下部精加工-1（5X单曲线侧刃加工，表5-2-16）

表 5-2-16　下部精加工 -1（5X 单曲线侧刃加工）

软件操作步骤	操作过程图示
1）新建一个图层，在模型的 X 轴方向利用"取消裁剪面"功能抽取加工用曲面，然后利用"ISO 参数"抽取加工用曲面上的 V 线，如右图所示	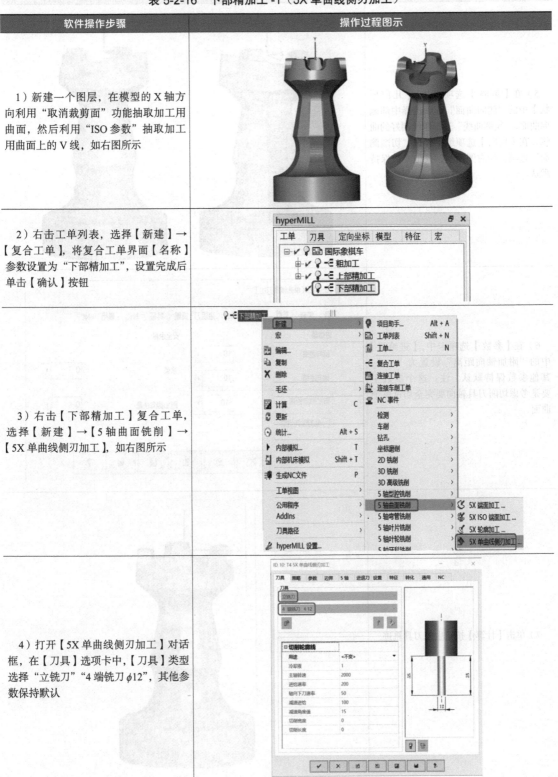
2）右击工单列表，选择【新建】→【复合工单】，将复合工单界面【名称】参数设置为"下部精加工"，设置完成后单击【确认】按钮	
3）右击【下部精加工】复合工单，选择【新建】→【5 轴曲面铣削】→【5X 单曲线侧刃加工】，如右图所示	
4）打开【5X 单曲线侧刃加工】对话框，在【刀具】选项卡中，【刀具】类型选择"立铣刀""4 端铣刀 $\phi12$"，其他参数保持默认	

（续）

下前端精加工：1（5X单曲线侧刃加工，表5-2-16）

软件操作步骤	操作过程图示

5）在【策略】选项卡中，【几何形状】中的"侧向曲面"选项选择中部侧向曲面，"轮廓曲线"选择刚绘制好的曲线，在【反向】选项组中勾选"切削侧面"选项，如右图所示，其他参数保持默认

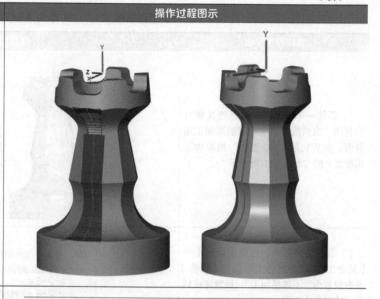

6）在【参数】选项卡中，【进给量】中的"附加轴向距离"设置为"-10"，其他参数保持默认。注：这个参数主要是考虑切削刀具轴向要完全切过整个曲面

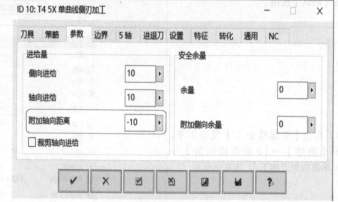

7）单击【计算】按钮生成刀具轨迹

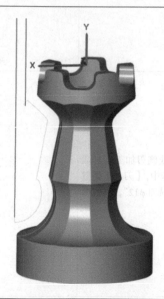

（续）

软件操作步骤	操作过程图示
8）打开【5X 单曲线侧刃加工】对话框中的【转化】选项卡，勾选"激活"选项，选择"圆形阵列"选项，进行"圆形阵列"参数设置，如右图所示，参数设置完成后单击【确认】按钮离开对话框	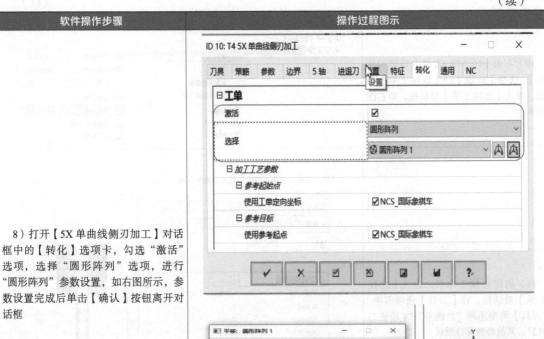 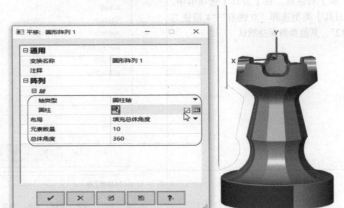
9）重新单击【计算】按钮生成刀具轨迹	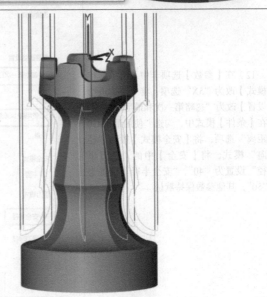

（续）

软件操作步骤	操作过程图示
10）右击【10：T4 5X 单曲线侧刃加工】，选择【新建】→【连接工单】功能，弹出【连接工单】对话框，如右图所示	
11）创建连接工单后，进入【连接工单】对话框，在【刀具】选项卡中，【刀具】类型选择"立铣刀""4 端铣刀ϕ12"，其他参数保持默认	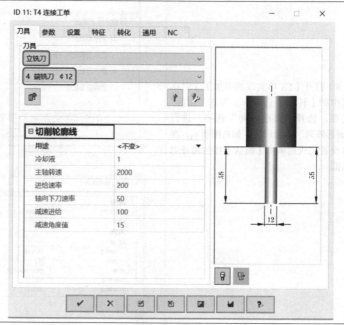
12）在【参数】选项卡中，将【连接模式】改为"5X"选项，将【快速进给设置】改为"忽略第一次和最后"选项，在【条件】模式中，勾选"使用最小 G0 距离"选项，将【安全模式】改为"径向"模式，将【安全】中的"退刀半径"设置为"40"，"安全半径"设置为"50"，其他参数保持默认	

（续）

软件操作步骤	操作过程图示
13）单击【计算】按钮生成刀具轨迹	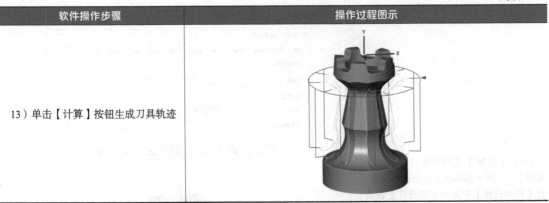

13. 下部精加工-2（5X单曲线侧刃加工，表5-2-17）

表 5-2-17　下部精加工 -2（5X 单曲线侧刃加工）

软件操作步骤	操作过程图示
1）右击【下部精加工】复合工单，选择【新建】→【5 轴曲面铣削】→【5X 轮廓加工】，如右图所示	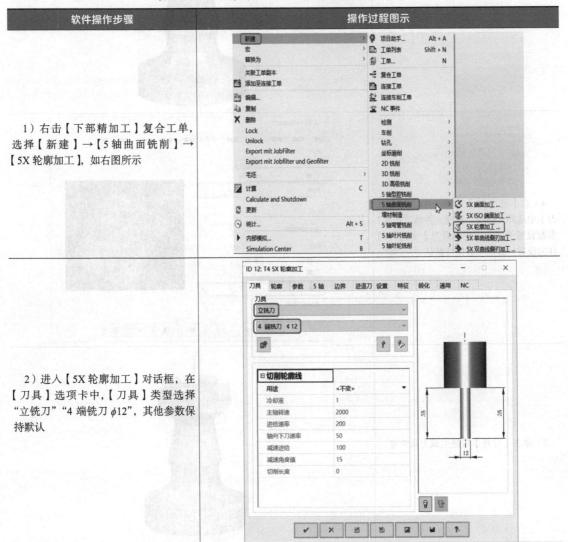
2）进入【5X 轮廓加工】对话框，在【刀具】选项卡中，【刀具】类型选择"立铣刀""4 端铣刀 ϕ12"，其他参数保持默认	

（续）

软件操作步骤	操作过程图示
3）在【轮廓】选项卡中，在【轮廓选择】中选择下端圆柱上表面边界轮廓，在【曲面选择】中选择下端圆柱上表面倒角曲面，如右图所示，其他参数保持默认	 
4）在【进退刀】选项卡中，在【进刀】中选择"切线"选项，并将"长度"参数设置为"3"，在【退刀】中进行同样的设置，其他参数保持默认	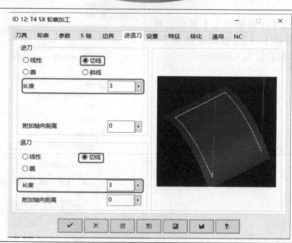
5）单击【计算】按钮生成刀具轨迹	

【任务评价】

完成本项目后，填写表 5-2-18 的任务评价表，并应做到：

1. 能够根据零件的技术要求完成工艺卡的正确编写。
2. 能完成工装夹具的选择与设计。
3. 能使用 hyperMILL 软件编写国际象棋零件的加工程序。
4. 能完成零件的程序仿真验证。

表 5-2-18　任务评价表

项　目	任务内容	自　评	教师评价
专业能力评价	零件分析（课前预习）		
	工艺卡编写		
	夹具设计与选择		
	程序的编写		
	合理的切削参数设定		
	程序的正确仿真		
关键能力	遵守课堂纪律		
	积极主动学习		
	团队协作能力		
	安全意识		
	服从指挥和管理		
检查评价	教师评语		
	评定等级	日　期	
	学生签字	教师签字	

注：评定等级为优、良、中。

【任务拓展】

1. 编写如图 5-2-3 所示国际象棋（Bishop）零件的工艺卡。

图 5-2-3　国际象棋零件图

2. 使用 hyperMILL 软件编写图 5-2-3 所示零件的加工程序，并且完成程序的仿真验证。

项目三

乐高积木加工 ◀

乐高积木的型腔由于间距较窄且深度较深，如果在三轴数控机床上加工，则需要使用不同的刀具，加工难度较大且效率较低，现在通过五轴数控机床使用圆桶刀进行加工，不仅能满足加工要求还提高了工作效率。

【任务描述】

校办工厂接到加工 100 件乐高积木（见图 5-3-1）的任务，该零件的坯料为精料（四周外侧壁已精加工），要求在一周内完成交付。零件的毛坯图如图 5-3-2 所示。

本项目教学学时为 6 学时，实操学时为 8 学时。

图 5-3-1 乐高积木三维结构图

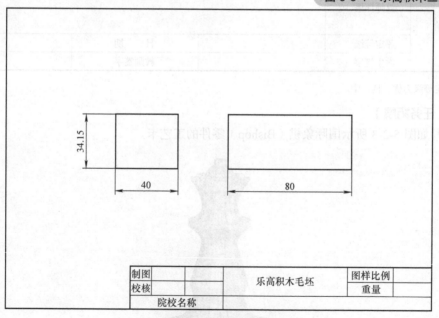

图 5-3-2 乐高积木毛坯图

【任务目标】

1. 能对乐高积木进行工艺分析，并制订加工工艺路线。
2. 能对该零件进行夹具的选择与设计。

3. 了解 hyperMILL 软件的流线加工驱动、曲线 / 点驱动的使用方法。

4. 掌握五轴加工的坐标设置方法。

5. 掌握五轴刀轴控制的方法。

【任务分析】

认真读图，请填写以下空白处的内容：

零件材料为_____；加工数量为_____；零件表面热处理要求为_____；毛坯下料尺寸应为_____；选用的加工设备为_____；首件试切工时预估为_____；每个零件的批量加工工时预估为_____；几何公差要求为_____；有公差要求的尺寸有_____。

【任务实施】

一、加工工艺分析

加工工艺是指按照图样，将毛坯加工为形状、尺寸、表面精度和几何精度均合格的零件的全过程。加工工艺分析是工艺人员加工前所需要做的工作，避免在加工过程中发生加工失误，造成经济损失。因此，加工工艺分析在生产组织过程中是非常重要且不可或缺的。乐高积木加工工艺分析见表 5-3-1。

表 5-3-1　乐高积木加工工艺分析

序号	项目	分析内容
1	乐高积木图样分析	仔细审图，重点关注尺寸公差要求、表面粗糙度、几何公差与技术要求。查阅尺寸标注是否完整，标注是否正确
2	乐高积木结构工艺分析	该模型的学习要点在于锥形圆桶刀在切向与切向平面加工中的应用 内部型腔的壁厚为 0.5mm，容易产生变形
3	选用夹具分析	乐高积木为矩形件，所以夹具选择较为简单，选择平口钳作为夹具
4	加工刀具分析	根据零件的轮廓形状特征与材质特性，需要用到锥形圆桶刀
5	切削用量分析	切削用量三要素，包括切削速度 v_c、进给量 f、背吃刀量 a_p；切削用量选择时要注意防止零件的加工变形，以及机床的刚度
6	产品质量检测分析	需要用到内外径千分尺、百分表

分组讨论并上交解决方案：

1. 如何使内型腔侧壁不变形？

2. 除了以上参考的夹具方案外是否还有其他装夹方案，在保证几何精度和加工效率的情况下，请在表 5-3-2 中绘制其他装夹方案。

表 5-3-2　其他装夹方案

手动绘制零件装夹简图	简单描述

二、编制工艺卡

编制加工工艺卡需考虑本车间的设备条件，以及查阅机械加工工艺手册等参考资料，工艺卡见表 5-3-3。

表 5-3-3　工艺卡

零件名称		零件数量		单位名称			第　页	共　页
毛坯类型		工艺卡号		工艺设计人				
材料				工艺装备 加工类别				
图示	工序号	工步	加工内容	刀具及材料	转速	进给速度	切削参数	加工余量
							步距	切削深度

三、设备、工具、量具、辅助准备

根据任务的加工要求，实施本任务需要的设备、辅助工量器具见表 5-3-4。

表 5-3-4　需要的设备、辅助工量器具

序号	名称	简图	型号 / 规格	数量	备注
1	五轴加工中心		机床行程： X 650mm Y 520mm Z 475mm B−35°～+110° C 0°～360°	1 台	
2	立铣刀		根据工艺定	根据工艺定	
3	平口钳		300mm×150mm×130mm	1 台	
4	游标卡尺		0.02mm	1 把	
5	游标深度卡尺		0.01mm	1 把	
6	百分表与表座		0.01mm	1 套	
7	铣刀柄		BT40	3 个	按每台加工中心配置

四、hyperMILL 软件编程加工

1. hyperMILL 相关知识点

该零件主要用到五轴铣削的知识点，具体知识点见表 5-3-5。

表 5-3-5 hyperMILL 相关知识点

一级类型	二级类型 （工序类型）	三级类型 （工序子类型）	四级类型 （切削模式 / 循环类型 / 驱动方法）	五级类型 （刀轴控制类型）
三轴铣削加工	3D 铣削	3D 优化粗加工	曲面	固定轴
		3D 平面加工	曲面	固定轴
五轴铣削加工	五轴型腔铣削	5X 清根加工	曲面	自动
	五轴曲面铣削	5X 切向 / 切向平面加工	曲面	自动

2. hyperMILL 加工环境设置

hyperMILL 加工环境包括加工坐标系、部件、毛坯、刀具和加工方法，其设置见表 5-3-6。

表 5-3-6 hyperMILL 加工环境设置

软件操作步骤	操作过程图示
1）在桌面上双击 hyperMILL 图标打开软件，进入 hyperMILL 初始界面	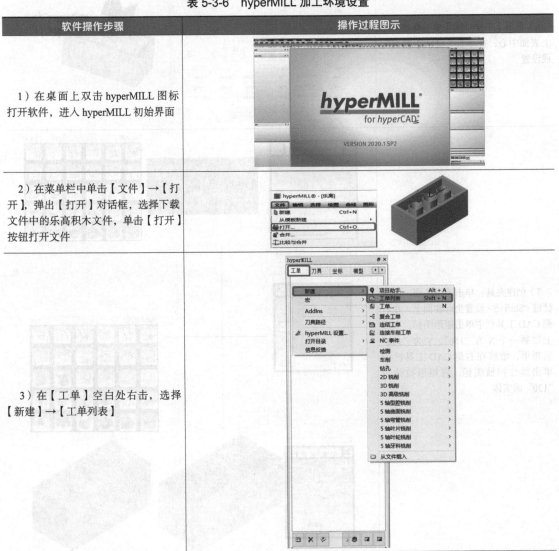
2）在菜单栏中单击【文件】→【打开】，弹出【打开】对话框，选择下载文件中的乐高积木文件，单击【打开】按钮打开文件	
3）在【工单】空白处右击，选择【新建】→【工单列表】	

（续）

软件操作步骤	操作过程图示
4）打开【工单列表】对话框，在【工单列表设置】中单击【加工表定义】	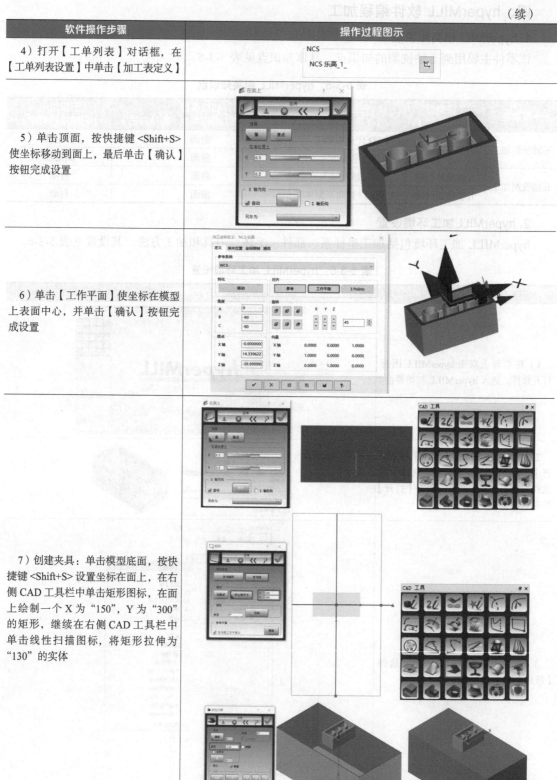
5）单击顶面，按快捷键 <Shift+S> 使坐标移动到面上，最后单击【确认】按钮完成设置	
6）单击【工作平面】使坐标在模型上表面中心，并单击【确认】按钮完成设置	
7）创建夹具：单击模型底面，按快捷键 <Shift+S> 设置坐标在面上，在右侧 CAD 工具栏中单击矩形图标，在面上绘制一个 X 为 "150"，Y 为 "300" 的矩形，继续在右侧 CAD 工具栏中单击线性扫描图标，将矩形拉伸为 "130" 的实体	

（续）

软件操作步骤	操作过程图示
8）选择夹具，按快捷键 <M> 将夹具向工件方向移动 5mm	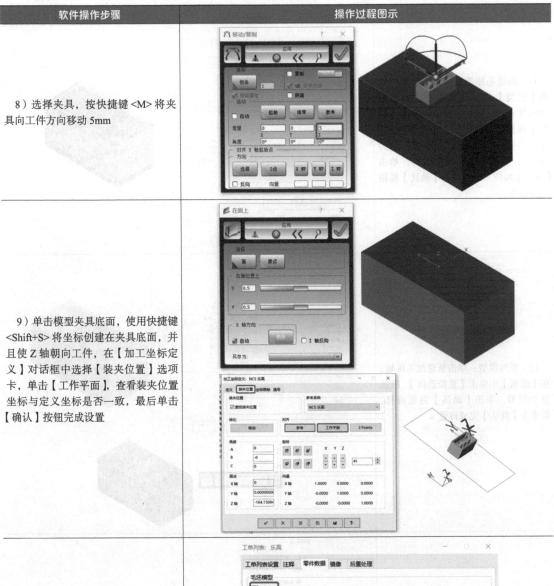
9）单击模型夹具底面，使用快捷键 <Shift+S> 将坐标创建在夹具底面，并且使 Z 轴朝向工件，在【加工坐标定义】对话框中选择【装夹位置】选项卡，单击【工作平面】，查看装夹位置坐标与定义坐标是否一致，最后单击【确认】按钮完成设置	
10）在【零件数据】选项卡中，勾选【毛坯模型】和【模型】中的"已定义"	

（续）

软件操作步骤	操作过程图示
11）新建毛坯模型：在工具条中单击【模型】，在【毛坯模型】对话框空白处右击，选择【新建毛坯】，【模型】选择"几何范围"，【几何范围】选择"立方体"，将"分辨率"设为"0.01"，分辨率越小精度越高，单击【计算】按钮，最后单击【确认】按钮完成设置	
12）添加模型：单击新建加工区域，在【曲面】中单击【重新选择】，框选整个模型，单击【确认】完成选择，再单击【确认】完成设置	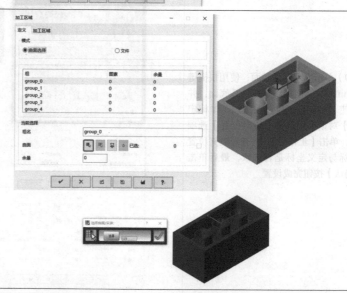
13）添加夹具：单击新建夹具区域，在【曲面】中单击【重新选择】，框选夹具，单击【确认】完成选择，再单击【确认】完成设置	

（续）

软件操作步骤	操作过程图示
14）创建加工刀具——圆鼻刀：打开【刀具】视窗，在【铣刀】栏的空白处右击新建圆鼻刀，在【几何图形】中将"直径"设置为"6"，将【刀尖】中的"角落半径"设置为"0.5"，单击【确认】按钮完成圆鼻刀的设置	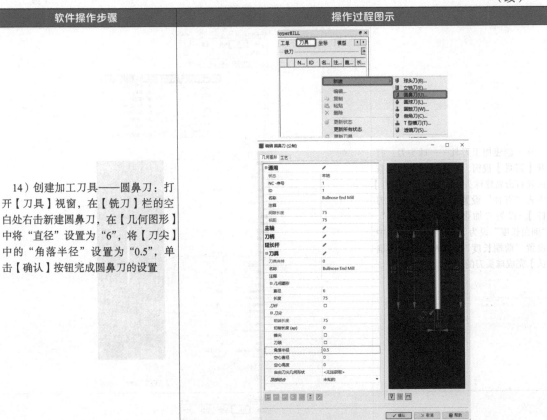
15）创建加工刀具——圆鼻刀：打开【刀具】视窗，在【铣刀】栏的空白处右击新建圆鼻刀，在【几何图形】中将"直径"设置为"4"，将【刀尖】中的"角落半径"设置为"0.5"，单击【确认】按钮完成圆鼻刀的设置	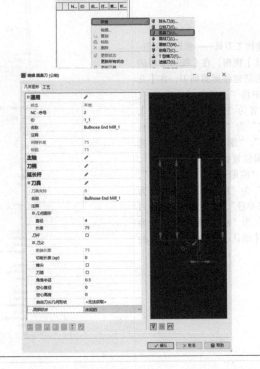

（续）

软件操作步骤	操作过程图示
16）创建加工刀具——球头刀：打开【刀具】视窗，在【铣刀】栏的空白处右击新建球头刀，在【几何图形】中将"直径"设置为"2"，勾选【刀杆】，设置"加强杆直径"为"4"，"倒角长度"设为"4"，在【刀尖】中设置"前端长度"为"6"，单击【确认】完成球头刀的设置	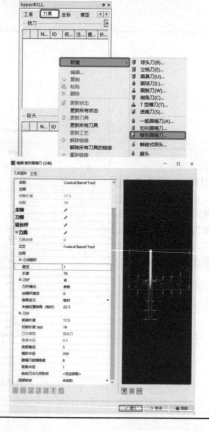
17）创建加工刀具——锥形圆桶刀：打开【刀具】视窗，在【铣刀】栏的空白处右击新建锥形圆桶刀，在【几何图形】中将"直径"设置为"1"，"长度"设置为"70"，勾选【刀杆】，"刀杆模式"为"参数"，"加强杆直径"为"6"，"倒角定义"设为"绝对"，"末端位置倒角"设为"22.5"，【刀尖】中"前端长度"设为"17.5"，"切削长度"为"16"，"底部直径"为"5"，"桶形半径"为"350"，"圆桶刀拔模角度"为"8"，"底角半径"为"1"，单击【确认】完成锥形圆桶刀的设置	

3. 优化粗加工、二次开粗、5X清根加工（表5-3-7）

表 5-3-7　优化粗加工、二次开粗、5X清根加工

软件操作步骤	操作过程图示
1）在左侧工单中右击，选择【新建】→【3D铣削】→【3D优化粗加工】，【刀具】选择φ6mm的圆鼻刀，【策略】选项卡中选择其默认的粗加工	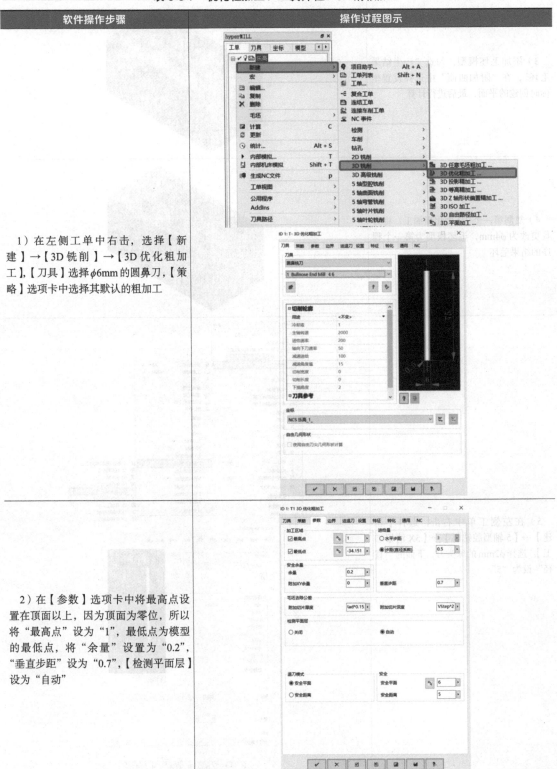
2）在【参数】选项卡中将最高点设置在顶面以上，因为顶面为零位，所以将"最高点"设为"1"，最低点为模型的最低点，将"余量"设置为"0.2"，"垂直步距"设为"0.7"，【检测平面层】设为"自动"	

（续）

软件操作步骤	操作过程图示
3）添加毛坯模型，勾选"产生结果毛坯"，在"附加曲面"中选择设置坐标时创建的平面，最后进行计算	
4）复制第一个3D优化粗加工，将刀具更改为φ4mm，毛坯模型为第一个程序的结果毛坯	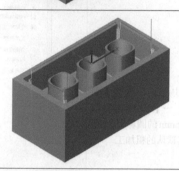
5）在左侧工单中右击，选择【新建】→【5轴型腔铣削】→【5X清根加工】，选择φ2mm的球头刀，下面的"直径"设为"5"	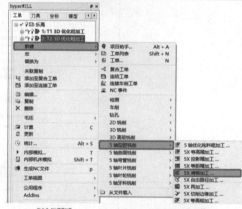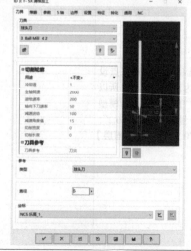

（续）

软件操作步骤	操作过程图示
6）在【策略】选项卡中将【加工模式】改为"斜率分析加工 - 陡峭区域"，在【参数】选项卡中将"垂直步距"设为"0.2"，"余量"设为"0.1"	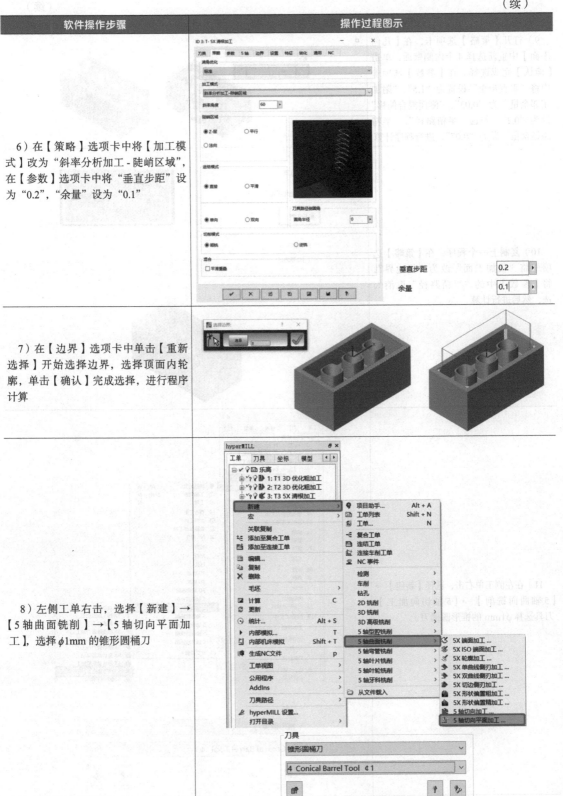
7）在【边界】选项卡中单击【重新选择】开始选择边界，选择顶面内轮廓，单击【确认】完成选择，进行程序计算	
8）左侧工单右击，选择【新建】→【5 轴曲面铣削】→【5 轴切向平面加工】，选择 ϕ1mm 的锥形圆桶刀	

（续）

软件操作步骤	操作过程图示
9）打开【策略】选项卡，在【几何平面】中重新选择4个内侧壁面，单击【确认】完成选择。在【参数】选项卡中将"垂直步距"设置为"1.5"，"附加相邻余量"为"0.03"，"侧面混合偏移"设为"0.2"，勾选"半精路径"，"半精路径余量"设为"0.07"，进行程序计算	
10）复制上一个程序，在【策略】选项中将"仅加工面"改为"仅边界"，将【参数】中的"半精路径"取消勾选，然后进行计算	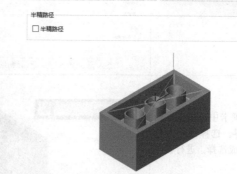
11）在左侧工单右击，选择【新建】→【5轴曲面铣削】→【5轴切向加工】，刀具选择φ1mm的锥形圆桶刀	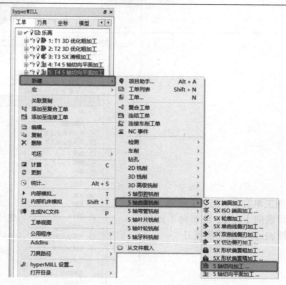

（续）

软件操作步骤	操作过程图示
12）打开【策略】选项卡，"模式"选择"Z轴"，在【几何图形】中重新选择曲面，选择第一个小型腔的外轮廓，一共8个面，【安全余量】中将"垂直步距"设置为"2"，【半精路径】中勾选"半精路径"，"半精路径余量"设为"0.07"，【干涉避让】中勾选"避免干涉"，选择"调整倾斜角度（接触点）"	
13）单击【5轴切向加工】，右击选择【关联复制】，在【策略】选项卡的【曲面】中右击接触连接，重新选择另一型腔外侧壁。当三个型腔外侧壁都选择结束并计算后，选择型腔内侧壁并进行计算 注：除了第一个需要关联复制，其余的只需要按 <Ctrl> 键后向下拖动程序即可复制此程序	新建　　　　　　　　　　　　　>　 宏　　　　　　　　　　　　　　>　 关联复制 添加至复合工单 添加至连接工单 编辑... 复制 删除 毛坯　　　　　　　　　　　　　>　 计算　　　　　　　　　　　　　C 更新 统计...　　　　　　　　　　Alt + S 内部模拟...　　　　　　　　　　T 内部机床模拟　　　　　Shift + T 生成NC文件　　　　　　　　　　P 工单视图　　　　　　　　　　　>　 公用程序　　　　　　　　　　　>　 AddIns　　　　　　　　　　　　>　 刀具路径　　　　　　　　　　　>　 hyperMILL 设置... 打开目录 信息反馈

（续）

软件操作步骤	操作过程图示
14）右击左侧工单，选择【新建】→【3D铣削】→【3D平面加工】，选择φ4mm的圆鼻刀	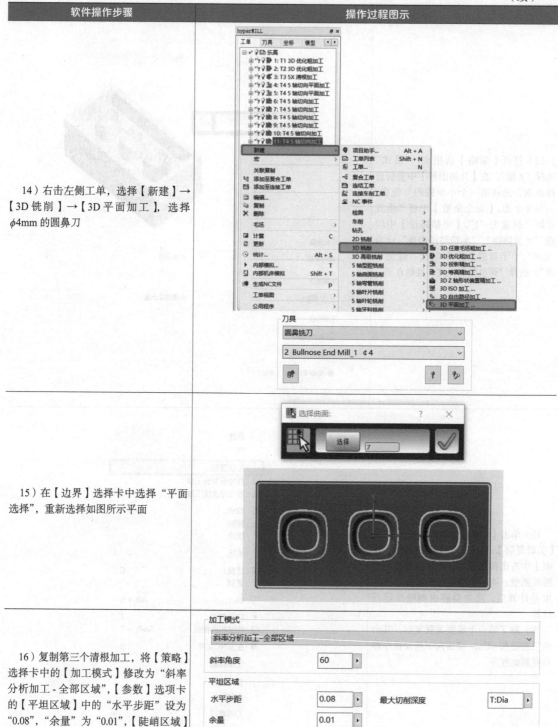
15）在【边界】选择卡中选择"平面选择"，重新选择如图所示平面	
16）复制第三个清根加工，将【策略】选择卡中的【加工模式】修改为"斜率分析加工-全部区域"，【参数】选项卡的【平坦区域】中的"水平步距"设为"0.08"，"余量"为"0.01"，【陡峭区域】中的"垂直步距"设为"0.08"，"余量"为"0.01"，单击【计算】	

（续）

软件操作步骤	操作过程图示
17）再复制一个清根加工，新建刀具，将"直径"设为"1"，勾选"刀杆"，"加强杆直径"设为"4"，"倒角长度"设为"4"，在【参数】选项卡中的【平坦区域】内，将"水平步距"设为"0.05"，"余量"为"0.013"，在【陡峭区域】内，"垂直步距"设为"0.05"，"余量"设为"0.013"，单击【计算】	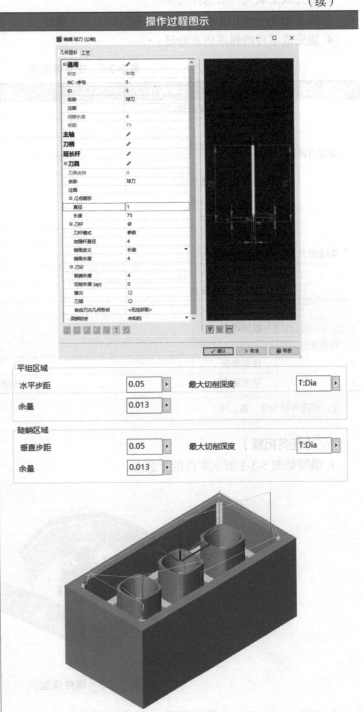

4. 程序仿真（hyperMILL软件自带仿真功能）

【任务评价】

完成本项目后，填写表5-3-8的任务评价表，并应做到：

1. 根据零件的技术要求完成工艺卡的正确编写。

2. 能完成工装夹具的选择与设计。

3. 能使用 hyperMILL 软件编写乐高积木的加工程序。

4. 能完成零件的程序仿真验证。

表 5-3-8　任务评价表

项　　目	任务内容	自　评	教师评价
专业能力评价	零件分析（课前预习）		
	工艺卡编写		
	夹具设计与选择		
	程序的编写		
	合理的切削参数设定		
	程序的正确仿真		
关键能力	遵守课堂纪律		
	积极主动学习		
	团队协作能力		
	安全意识		
	服从指挥和管理		
检查评价	教师评语		
	评定等级	日　　期	
	学生签字	教师签字	

注：评定等级为优、良、中。

【任务拓展】

1. 编写如图 5-3-3 所示零件的工艺卡。

图 5-3-3　零件模型

2. 使用 hyperMILL 软件编写图 5-3-3 所示零件的加工程序，并且完成程序的仿真验证。

项目四

叶轮加工

五轴联动加工方式是多轴数控加工中最重要的加工方式，也是五轴加工的特色，多数应用在航空航天类零件的加工中。通过五轴的联动加工能够完成一些复杂的大曲率的曲面，也可以完成复杂的箱体类零件。

【任务描述】

校办工厂接到加工 1 件叶轮零件（见图 5-4-1）的任务，该零件的毛坯图如图 5-4-2 所示。毛坯料为 6061 铝合金，已经数车精加工完成，在毛坯顶面加工销钉孔，保证叶轮的毛坯面和叶轮顶面销钉孔的轴线所在圆周与毛坯中心通孔中心线同轴既可，这样可以保证毛坯与夹具安装后同心，要求在一周内完成交付。

本项目教学学时为 12 学时，实操学时为 12 学时。

图 5-4-1　叶轮零件三维结构图

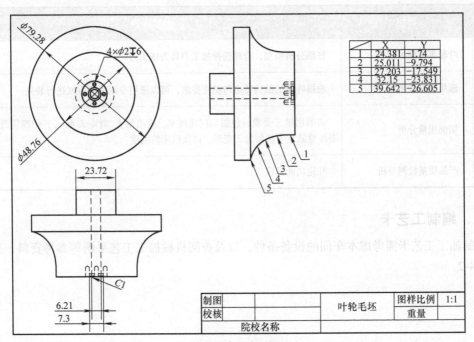

	X	Y
1	24.381	-1.74
2	25.011	-9.794
3	27.203	-17.549
4	32.15	-23.831
5	39.642	-26.605

制图		叶轮毛坯	图样比例	1:1
校核			重量	
	院校名称			

图 5-4-2　毛坯图

【任务目标】

1. 能对叶轮零件进行工艺分析，并制订加工工艺路线。
2. 能对该零件进行夹具的选择与设计。
3. 了解 hyperMILL 软件的 5X 叶轮粗加工、5X 叶轮侧刃加工、5X 叶轮流道精加工等的策略。
4. 掌握五轴叶轮加工的方法。
5. 掌握叶轮特征设定方法。

【任务分析】

认真读图，请填写以下空白处的内容：

零件材料为_____；加工数量为_____；毛坯下料尺寸应为_____；选用的加工设备为_____；首件试切工时预估为_____；每个零件的批量加工工时预估为_____；几何公差要求有_____；有公差要求的尺寸有_____。

【任务实施】

一、加工工艺分析

加工工艺是指按照图样，将毛坯加工成形状、尺寸、表面精度和几何精度均合格的零件的全过程。加工工艺分析是工艺人员加工前所需要做的工作，避免在加工过程中发生加工失误，造成经济损失。因此，加工工艺分析在生产组织过程中是非常重要且不可或缺的。

叶轮加工工艺分析见表 5-4-1。

表 5-4-1　叶轮零件加工工艺分析

序号	项目	分析内容
1	叶轮零件模型分析	仔细分析模型，合理选择加工刀具为球头刀
2	选用夹具分析	根据叶轮的结构特点与精度要求，可以选用专用工装方式进行装夹
3	切削用量分析	切削用量三要素，包括切削速度 v_c、进给量 f、背吃刀量 a_p；切削用量选择时要注意防止零件的加工变形，以及机床的刚度
4	产品质量检测分析	叶轮功能部位

二、编制工艺卡

编制加工工艺卡需考虑本车间的设备条件，以及查阅机械加工工艺手册等参考资料，工艺卡见表 5-4-2。

表 5-4-2 工艺卡

零件名称		零件数量		单位名称					第 页	共 页
毛坯类型		工艺卡号		工艺设计人						
				工艺装备 加工类别			切削参数			
材料	工序号	刀具及材料	加工内容	转速	进给速度	步距	切削深度			加工余量
图示	工步									

三、设备、工具、量具、辅助准备

根据任务的加工要求，实施本任务需要的设备、辅助工量器具见表 5-4-3。

表 5-4-3　需要的设备、辅助工量器具

序号	名称	简图	型号/规格	数量	备注
1	五轴加工中心		机床行程： X 650mm Y 520mm Z 475mm B −35°～110° C 0°～360°	1 台	
2	铣刀		根据工艺定	根据工艺定	
3	自定心卡盘		直径 200mm	1 个	
4	游标卡尺		0.02mm	1 把	
5	游标深度卡尺		0.01mm	1 把	

（续）

序号	名称	简图	型号/规格	数量	备注
6	百分表与表座	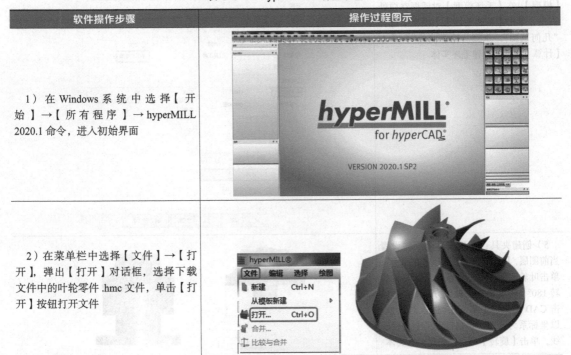	0.01mm	1套	
7	铣刀柄		BT40	3个	按每台加工中心配置

四、hyperMILL 软件编程加工

1. hyperMILL编程准备

hyperMILL 编程准备包括启动软件、导入模型、选择项目路径，以及创建毛坯、避让面、加工边界，设置坐标系、夹具，见表 5-4-4。

表 5-4-4　hyperMILL 编程准备

软件操作步骤	操作过程图示
1）在 Windows 系统中选择【开始】→【所有程序】→ hyperMILL 2020.1 命令，进入初始界面	hyperMILL® for hyperCAD® VERSION 2020.1 SP2
2）在菜单栏中选择【文件】→【打开】，弹出【打开】对话框，选择下载文件中的叶轮零件 .hmc 文件，单击【打开】按钮打开文件	hyperMILL® 文件 编辑 选择 绘图 新建 Ctrl+N 从模板新建 打开… Ctrl+O 合并… 比较与合并

（续）

软件操作步骤	操作过程图示
3）在菜单栏中单击【hyperMILL】→【设置】→【设置】，弹出【设置】对话框，在【文档】选项卡中，【路径管理】选择"模型路径"	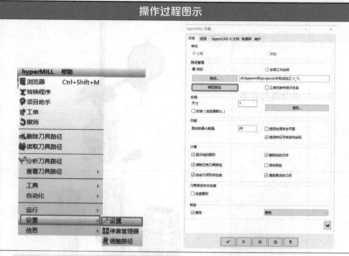
4）创建加工毛坯：在工具条中单击【模型】，在【毛坯模型】对话框空白处右击，单击【新建毛坯】，【模型】选择"几何范围"，选择"轮廓曲线"，单击【计算】按钮，创建毛坯实体	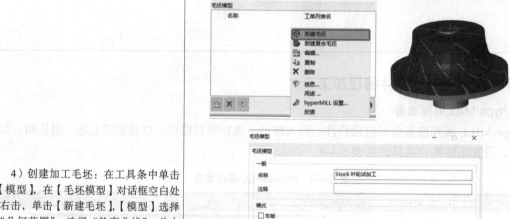
5）创建夹具：新建夹具图层并设置当前图层，【工作平面】选择"在面上"，单击叶轮底面，双击坐标系，绕 X 轴旋转180°，将 X 方向与轴线方向重合，单击 CAD 工具的【草图】，进入对话框，以坐标系为顶部，绘制自定义卡盘轮廓线，单击【旋转】命令，创建夹具实体	

（续）

软件操作步骤	操作过程图示
6）创建流道面：新建流道面图层并设置当前图层，选择【曲线】→【边界】，捕捉叶轮流道面边界，单击【旋转】命令，创建流道面	  
7）创建毛坯曲面：新建毛坯曲面图层并设置当前图层，单击【CAD工具】中的【取消裁剪面】，捕捉叶轮叶片顶面，单击【W】，回归原始坐标系，双击坐标系，绕Y轴旋转180°，将X方向与轴线方向重合，单击【CAD工具】中的【草图】，进入对话框，画一条与轴线重合的线，单击【CAD工具】中的【线性扫描】，将线沿Z轴拉伸与裁剪面重合。选择【曲线】→【相交线】，选取拉伸面和裁剪面，提取相交线，单击【旋转】命令，创建毛坯曲面	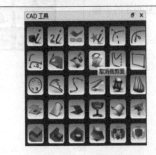   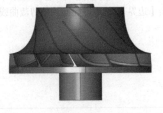

（续）

软件操作步骤	操作过程图示
8）创建叶轮骨架线：新建骨架线图层并设置当前图层，单击【CAD工具】中的【规则】，捕捉叶轮一个叶片顶面的两条边，创建一个面，单击【CAD工具】中的【ISO参数】，单击创建的面，V参数设置为0.5。选择【修改】→【延长/缩短面】，选择【边界】，将叶轮的侧面设为底边，延长叶轮的侧面，与流道重合，提取相交线。重复刚才的步骤，提取骨架线	   
9）创建叶轮剪裁曲线：在工具条中单击【边界】，选取叶轮叶片的剪裁曲线	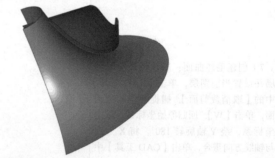 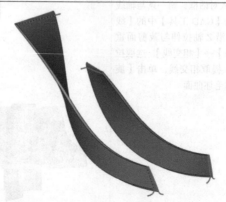

（续）

软件操作步骤	操作过程图示
10）创建叶轮特征：在工具条中单击【特征】，在空白处右击，选择【透平特征】，单击【叶轮】。根据特征参数选取	

2. 创建工单列表

创建工单列表包括定义坐标系、零件数据，见表 5-4-5。

表 5-4-5　创建工单列表

软件操作步骤	操作过程图示
1）新建工单列表：在工单列表窗口右击，选择【新建】→【工单列表】	
2）定义坐标系，单击【工作平面】，设置坐标系为当前工作平面	
3）定义夹具坐标系，选择【工作平面】→【在面上】，将坐标设置在夹具底部，与原始坐标方向一样	

（续）

软件操作步骤	操作过程图示
4）设置零件数据，定义毛坯模型	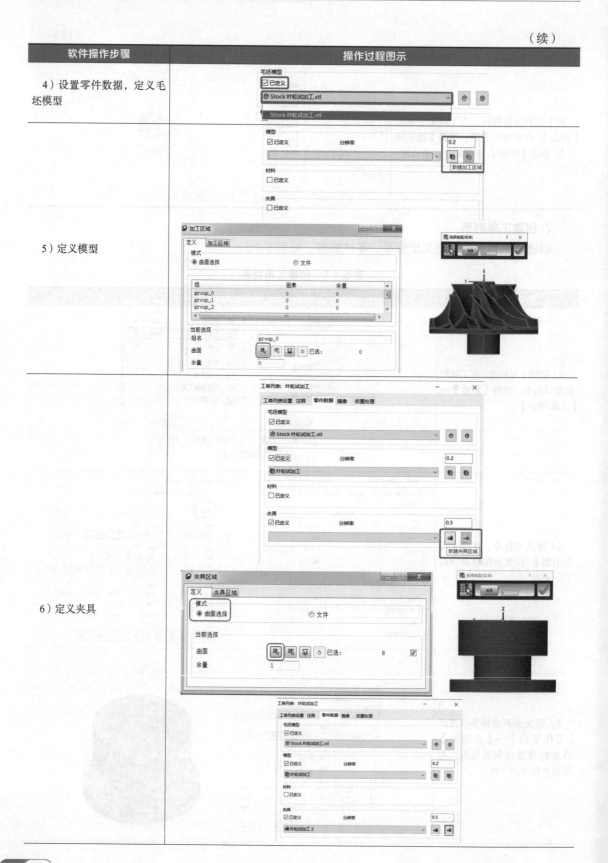
5）定义模型	
6）定义夹具	

（续）

软件操作步骤	操作过程图示
7）设置后置处理，选择五轴数控机床	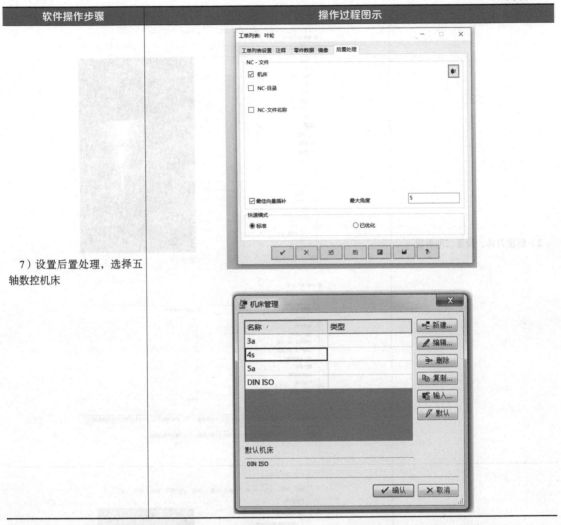

3. 叶轮粗加工：5X叶轮粗加工（表5-4-6）

表 5-4-6　5X 叶轮粗加工

软件操作步骤	操作过程图示
1）创建工单：在工单列表窗口中右击，选择【新建】→【5轴叶轮铣削】→【5X 叶轮粗加工】	

（续）

软件操作步骤	操作过程图示
2）创建刀具，设置切削参数	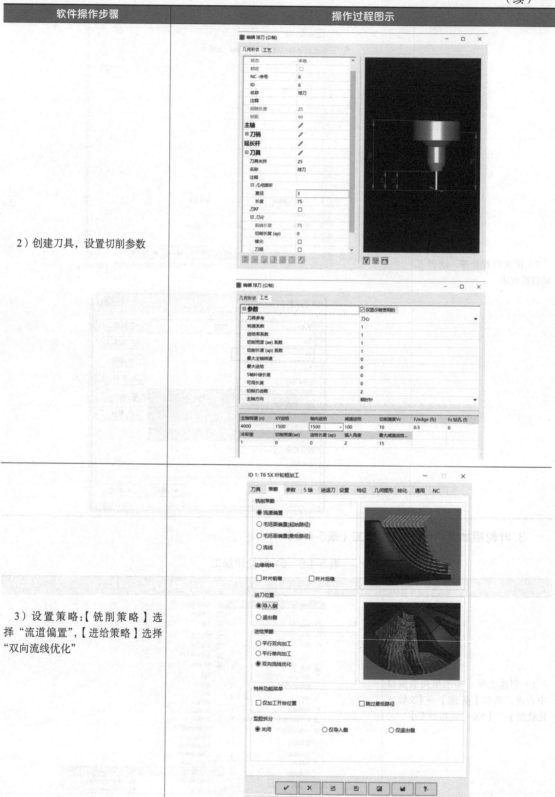
3）设置策略：【铣削策略】选择"流道偏置"，【进给策略】选择"双向流线优化"	

（续）

软件操作步骤	操作过程图示
4）设置参数："最大步距"设为"2"，"垂直步距"设为"2"，【退刀模式】选择"安全距离"，【安全】中设置"安全平面"为"50" 5）设置5轴：设置【引导角向上】中的"整体"为"-5"	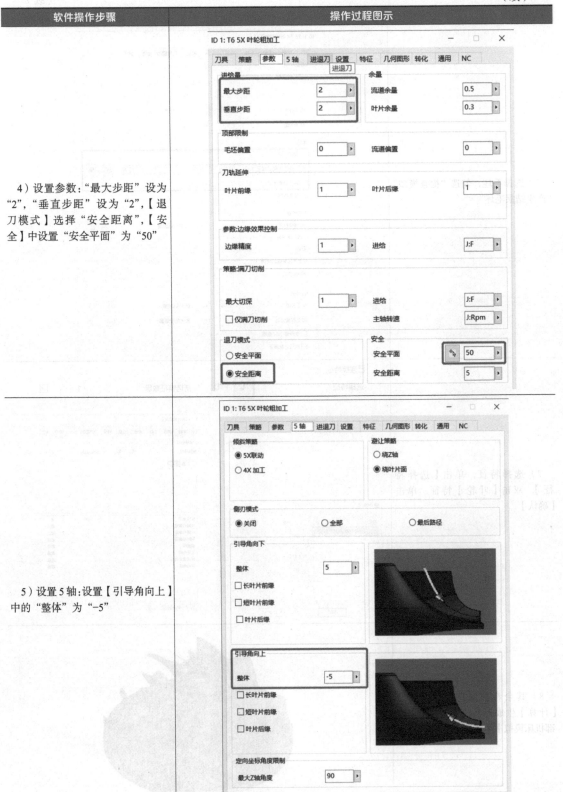

（续）

软件操作步骤	操作过程图示
6）选择毛坯，勾选"检查模型""产生结果毛坯"	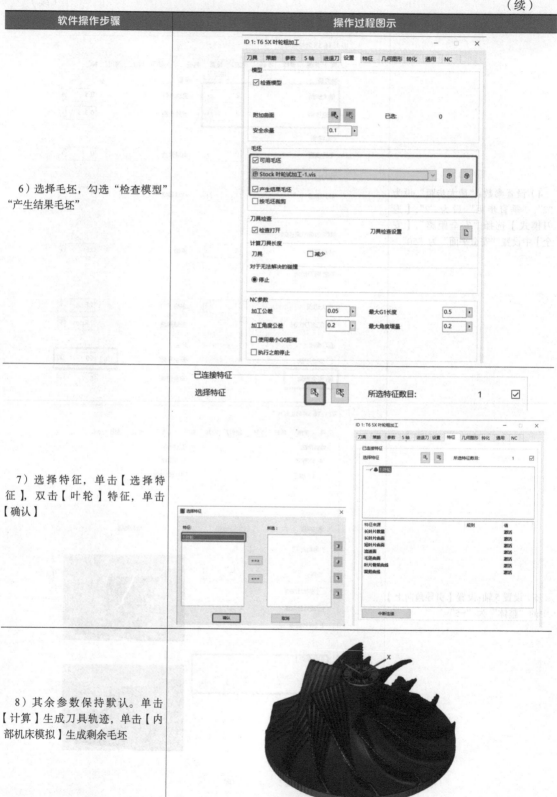
7）选择特征，单击【选择特征】，双击【叶轮】特征，单击【确认】	
8）其余参数保持默认。单击【计算】生成刀具轨迹，单击【内部机床模拟】生成剩余毛坯	

4. 叶轮叶片精加工：5X叶轮侧刃加工/5X叶轮点加工（表5-4-7）

表 5-4-7　叶轮叶片精加工（5X 叶轮侧刃加工 /5X 叶轮点加工）

软件操作步骤	操作过程图示
1）创建工单 2：在工单列表窗口中右击，选择【新建】→【5 轴叶轮铣削】→【5X 叶轮侧刃加工】	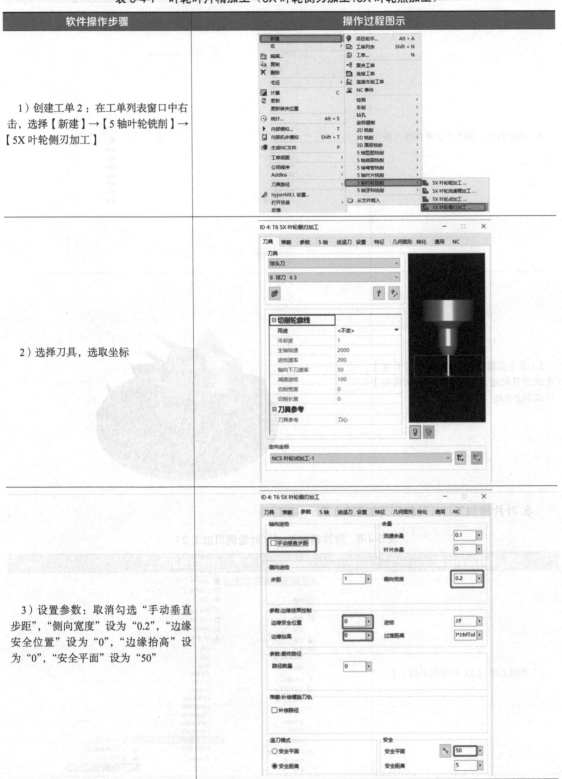
2）选择刀具，选取坐标	
3）设置参数：取消勾选"手动垂直步距"，"侧向宽度"设为"0.2"，"边缘安全位置"设为"0"，"边缘抬高"设为"0"，"安全平面"设为"50"	

（续）

软件操作步骤	操作过程图示
4）选取特征：同上个工单操作方法	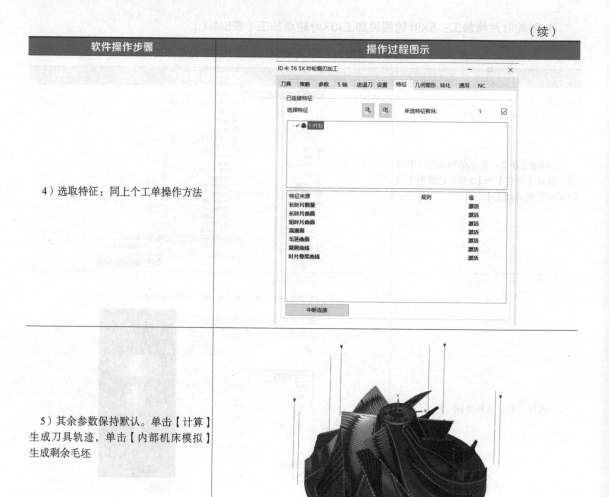
5）其余参数保持默认。单击【计算】生成刀具轨迹，单击【内部机床模拟】生成剩余毛坯	

5. 叶片精加工-1：叶轮侧刃加工2（表5-4-8）

表5-4-8 叶片精加工-1（叶轮侧刃加工2）

软件操作步骤	操作过程图示
1）新建工单：【5X叶轮侧刃加工】	

（续）

软件操作步骤	操作过程图示
2）新建刀具，设置切削参数	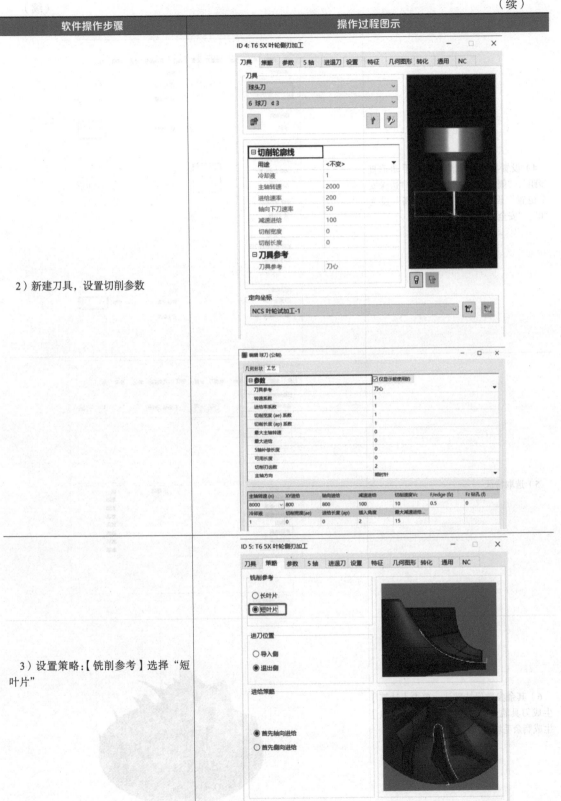
3）设置策略：【铣削参考】选择"短叶片"	

（续）

软件操作步骤	操作过程图示
4）设置参数：取消勾选"手动垂直步距"，"侧向宽度"设为"0"，"边缘安全位置"设为"0"，"边缘抬高"设为"0"，"安全平面"设为"50"	ID 5: T6 5X 叶轮侧刃加工 ─ □ × 刀具 策略 参数 5轴 进退刀 设置 特征 几何图形 转化 通用 NC 轴向进给　　　　　　　　　　　　余量 □手动垂直步距　　　　　　　　　流道余量　0.1 　　　　　　　　　　　　　　　　叶片余量　0 侧向进给 步距　　　　1　　　　　侧向宽度　0 参数:边缘效果控制 边缘安全位置　0　　　　进给　　　　J:F 边缘抬高　　　0　　　　过渡距离　　ﾌﾟJ:MTol 参数:最终路径 路径数量　　　0 策略:补偿螺旋刀轨 □补偿路径 退刀模式　　　　　　　　　　安全 ○安全平面　　　　　　　　　安全平面　50 ●安全距离　　　　　　　　　安全距离　5
5）选取特征	ID 4: T6 5X 叶轮侧刃加工 ─ □ × 刀具 策略 参数 5轴 进退刀 设置 特征 几何图形 转化 通用 NC 已连接特征 选择特征　　　　　　　　　　所选特征数目：　1　☑ ✓ ⚫ 1:叶轮 特征来源　　　　　　　规则　　　值 长叶片数量　　　　　　　　　　激活 长叶片曲面　　　　　　　　　　激活 短叶片曲面　　　　　　　　　　激活 流道面　　　　　　　　　　　　激活 毛坯曲面　　　　　　　　　　　激活 裁剪曲线　　　　　　　　　　　激活 叶片骨架曲线　　　　　　　　　激活 中断连接
6）其余参数保持默认。单击【计算】生成刀具轨迹，单击【内部机床模拟】生成剩余毛坯	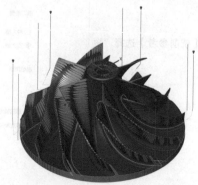

6. 叶片精加工-2：5X叶轮点加工（表5-4-9）

表 5-4-9　叶片精加工 -2（5X 叶轮点加工）

软件操作步骤	操作过程图示
1）新建工单：【5X 叶轮点加工】	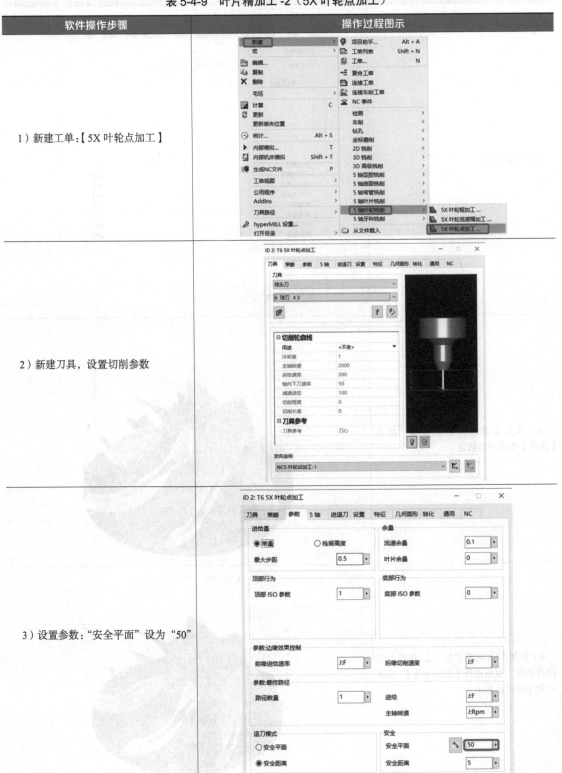
2）新建刀具，设置切削参数	
3）设置参数："安全平面"设为"50"	

（续）

软件操作步骤	操作过程图示
4）选取特征	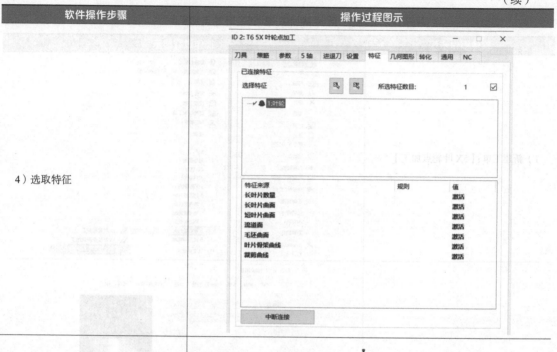
5）其余参数保持默认设置。单击【计算】生成刀具轨迹	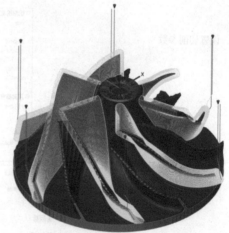
6）复制【5X叶轮点加工】，按照上述操作步骤，重新选择【铣削参考】，编制叶轮小叶片点加工	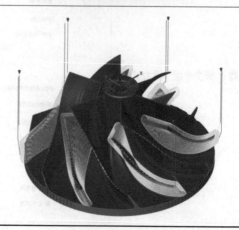

7. 叶片精加工-3：5X叶轮边缘加工（表5-4-10）

表 5-4-10　叶片精加工 -3（5X 叶轮边缘加工）

软件操作步骤	操作过程图示
1）新建工单:【5X 叶轮边缘加工】	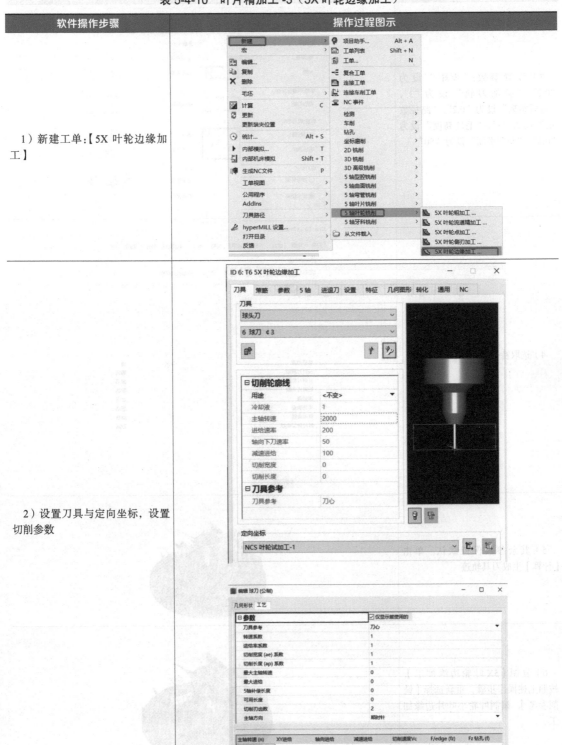
2）设置刀具与定向坐标，设置切削参数	

（续）

软件操作步骤	操作过程图示
3）设置参数："步距"设为"0.2"，"叠加刀轨"设为"3"，"最后距离"设为"0.2"，"路径数量"设为"3"，"毛坯高度"设为"0.3"，"安全平面"设为"50"	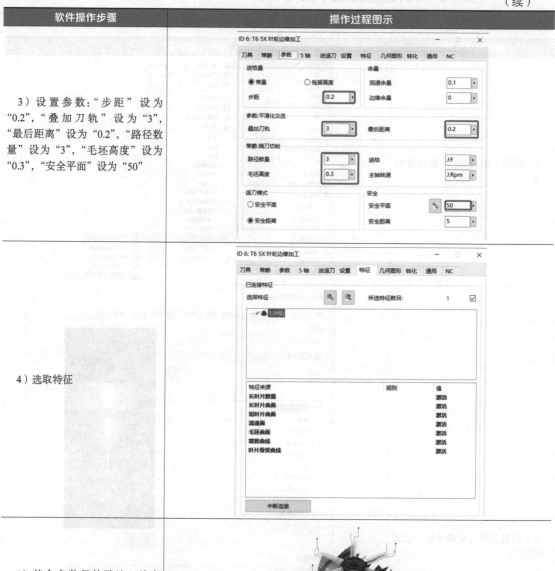
4）选取特征	
5）其余参数保持默认。单击【计算】生成刀具轨迹	
6）复制【5X叶轮边缘加工】，按照上述操作步骤，重新选择【铣削参考】，编制叶轮小叶片边缘加工	

8. 叶轮流道精加工：5X叶轮流道精加工（表5-4-11）

表 5-4-11 叶轮流道精加工

软件操作步骤	操作过程图示
1）新建工单：【5X 叶轮流道精加工】	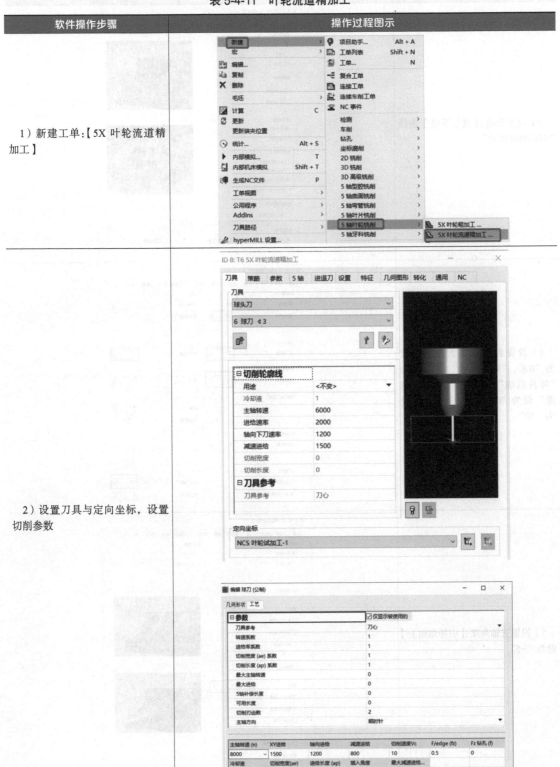
2）设置刀具与定向坐标，设置切削参数	

（续）

软件操作步骤	操作过程图示
3）设置策略:【进给策略】选择"双向流线优化"	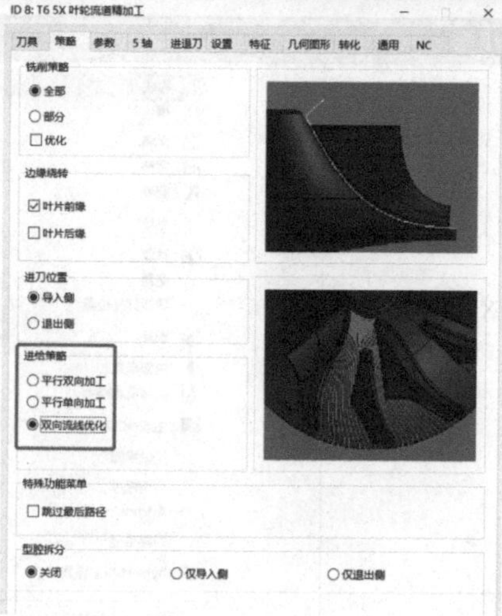 ID 8: T6 5X 叶轮流道精加工
4）设置参数:"最大步距"设为"0.8","叶片前缘"设为"2","叶片后缘"设为"1","边缘精度"设为"0.8","安全平面"设为"50"	 ID 8: T6 5X 叶轮流道精加工
5）设置五轴角度:【引导角向上】设为"-5"	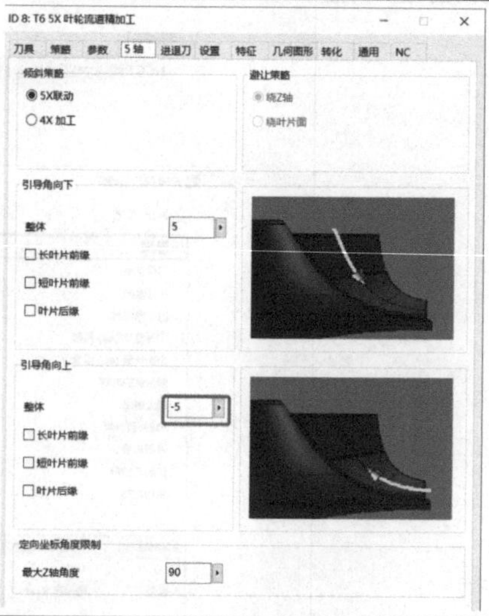 ID 8: T6 5X 叶轮流道精加工

（续）

软件操作步骤	操作过程图示
6）选取特征	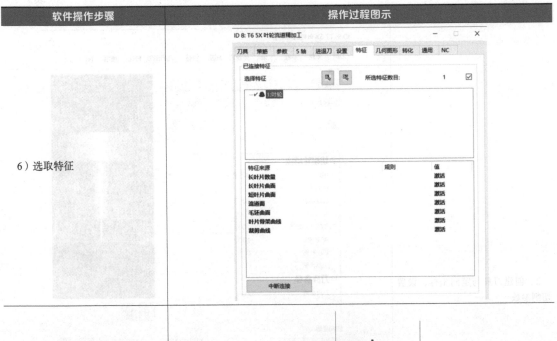
7）其余参数保持默认。单击【计算】生成刀具轨迹	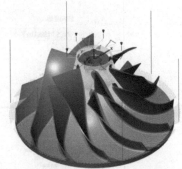

9. 叶轮圆角加工：5X 叶轮圆角加工（表 5-4-12）

表 5-4-12　叶轮圆角加工

软件操作步骤	操作过程图示
1）新建工单：【5X 叶轮圆角加工】	

（续）

软件操作步骤	操作过程图示
2）创建刀具与定向坐标，设置切削参数	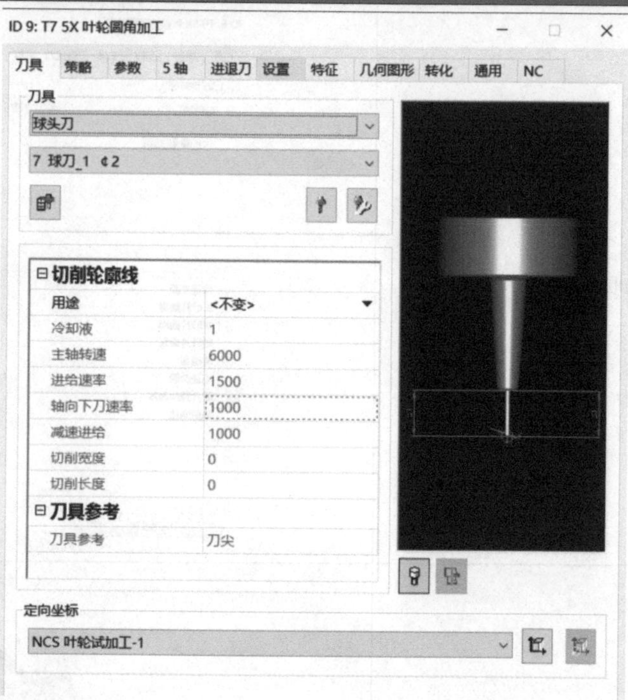 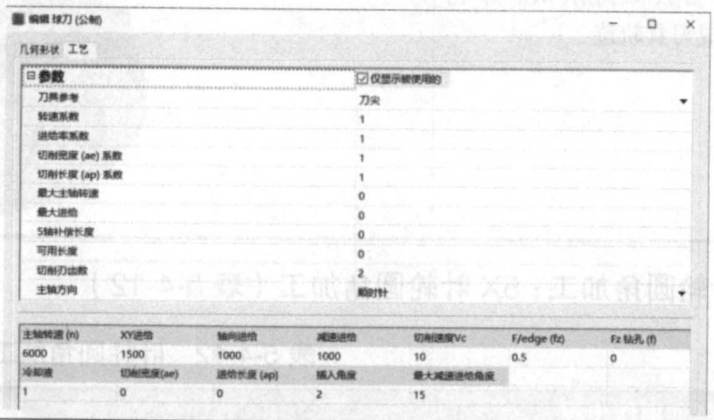
3）设置参数："最大步距"设为"0.3"，"参考刀具直径"设为"3.5"，"安全平面"设为"50"	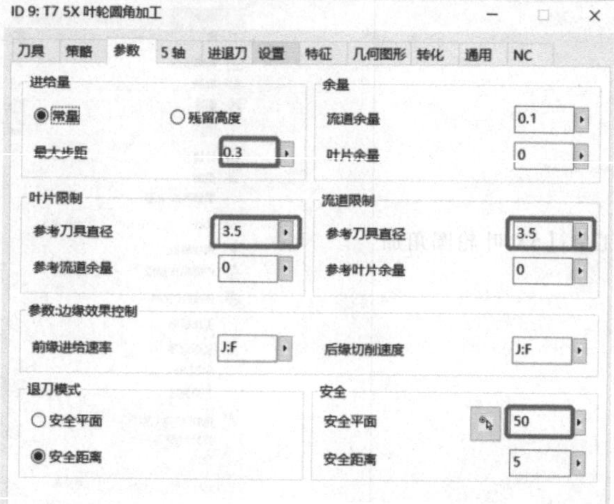

（续）

软件操作步骤	操作过程图示
4）选取特征	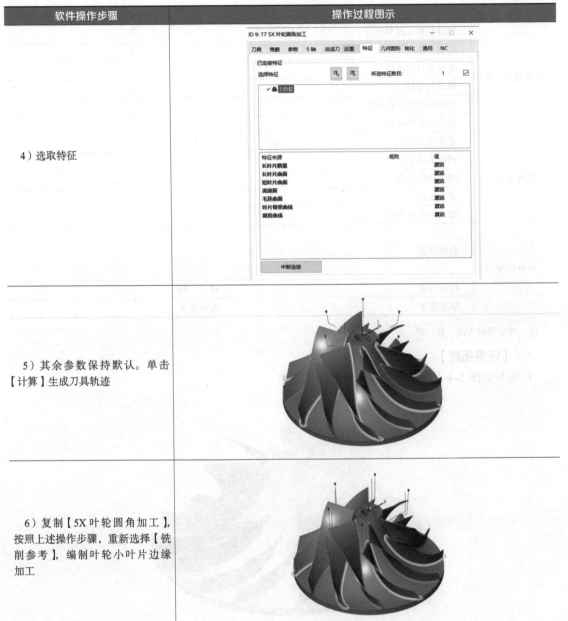
5）其余参数保持默认。单击【计算】生成刀具轨迹	
6）复制【5X叶轮圆角加工】，按照上述操作步骤，重新选择【铣削参考】，编制叶轮小叶片边缘加工	

10. 模拟仿真（hyperMILL软件自带仿真功能）

【任务评价】

完成本项目后，填写表 5-4-13 的任务评价表，并应做到：

1. 能够根据零件图样及技术要求完成工艺卡的正确编写。

2. 能完成工装夹具的选择与设计。

3. 能使用 hyperMILL 软件编写叶轮零件的加工程序。

4. 能完成零件的程序仿真验证。

表 5-4-13　任务评价表

项　目	任务内容	自　评	教师评价
专业能力评价	零件分析（课前预习）		
	工艺卡编写		
	夹具设计与选择		
	程序的编写		
	合理的切削参数设定		
	程序的正确仿真		
关键能力	遵守课堂纪律		
	积极主动学习		
	团队协作能力		
	安全意识		
	服从指挥和管理		
检查评价	教师评语		
	评定等级	日　期	
	学生签字	教师签字	

注：评定等级为优、良、中。

【任务拓展】

1. 编写如图 5-4-3 所示叶轮零件模型的工艺卡。

图 5-4-3　叶轮零件模型图

2. 使用 hyperMILL 软件编写图 5-4-3 所示零件的加工程序，并且完成程序的仿真验证。

附　　录

附录A

五轴车间7S管理制度

一、7S 管理制度的目的

提高生产效率，营造车间内部良好的工作氛围，降低不良品率，杜绝安全事故的发生，减少不必要的浪费。

二、7S 管理制度适用范围

五轴车间所有人员。

三、7S 管理制度的定义

1. 整理（Seiri）

彻底区分必需品与非必需品，并清除非必需品。废物料和其他废弃杂物要及时清理出去，废纸、生活垃圾必须放在垃圾桶内，现场（设备上、工作台上、刀具架上、窗台上、地面上等）无废物（可暂放废料区内）和杂物。

整理的目的是增加作业面积，保证物流畅通，防止误用等。

2. 整顿（Seiton）

将整理出来的必需品定量和定位，实现放置方法的标准化。未使用的工具、刀具均存放在刀具架上，不允许随扔随放；设备上严禁堆放杂物；工作台上无杂物；地面无未定置存放的物品；废料放置在指定位置；垃圾分类堆放，不允许木屑、ABS、铁屑等混杂堆放；现场要保持无物品乱放现象。

整顿的关键是要做到定位、定品、定量。

3. 清扫（Seiso）

按照清扫对象、清扫人员、清扫方法，准备清扫器具并实施清扫；作业区域地面每天下班前打扫后确保无边角余料和杂物、废物；设备每天清扫，保持无铁屑和杂物；机床区域、电源箱、柜和窗台上每周不定期大清扫一次，保持现场环境无可见杂物；现场无未清扫死角。

清扫的目的是使员工保持一个良好的工作情绪，保证产品的品质，最终达到企业生产零故障和零损耗。

4. 清洁（Seiketsu）

坚持"三不要"原则，即不要放置不用的东西，不要弄乱，不要弄脏，整理、整顿、清扫之后要认真维护，使现场保持完美和最佳状态。设备每周不定期擦一遍；坚持地面每天清扫；设备保持清洁，加工完成后清除夹具上的铁屑和脏物；严格执行安全生产规范条例，经常按规范进行检查并改进不足；保持现场不脏不乱。

清洁的目的是使整理、整顿和清扫工作成为一种惯例和制度，是标准化的基础，也是一个企业形成企业文化的开始。

5. 素养（Shitsuke）

素养即教养，努力提高人员的素养，养成严格遵守规章制度的习惯和作风，这是 7S 管理的核心。提高 7S 管理，要始终着眼于提高人的素质。

素养的目的是让员工成为一个遵守规章制度并具有良好工作素养和习惯的人。

6. 安全（Safety）

建立健全的各项安全管理制度；对操作人员的操作技能进行训练；全员参与，排除隐患，重视预防；严格遵守《设备操作规程》，保持强烈的安全意识，无违章作业情况，避免人身与财产受到侵害，确保生产中无意外事故发生。

安全的目的是保障员工的人身安全，保证生产能连续、安全、正常地进行，同时减少因安全事故带来的经济损失。

7. 节约（Save）

合理利用时间、空间、能源等，发挥其最大效能，从而创造高效率的工作场所，建立节约型样板车间。实施时应秉持三个原则：能用的东西尽可能利用；以自己就是企业主人的心态对待资源；切勿随意丢弃，丢弃前要思考是否还有价值。

节约是对整理工作的补充和指导，对于资源不足的情况，员工更应该在企业中秉持勤俭节约的原则。

附录B

刀柄用热缩机

一、热缩机及热缩刀柄使用注意事项

1）进行刀柄加热时应严格按照相对应的加热程序进行操作。

2）进行刀柄加热必须避免过热现象的出现。加热刀柄需要冷却至室温后再进行第二次加热，避免热缩刀柄过热造成刀柄精度下降，严重的会造成刀柄报废和加热线圈损坏。

3）及时清洁热缩刀柄，避免残留铁屑和切削液，保持刀柄干燥。刀柄的残留物在加热的过程中有燃烧的危险，在加热过程中禁止使用任何易燃易爆的清洁剂，以免发生危险。

4）刀具的夹持柄径公差为 h6 等级，夹持柄径不光滑（如摔伤、凸起），甚至是不合适的激光标签，都将影响刀柄的装夹过程。

5）拿热缩刀柄或刀具时请务必戴上防护手套，因为刀具锋利的切削刃有划伤手的危险，另外防护手套可以避免操作者被加热过的热缩刀柄意外烫伤。

6）热缩刀柄在存储或长期不用的情况下，应该涂上一层油，避免生锈。

7）注意保证快速冷却器系统各种外接管线的通畅，请勿弯折、叠压这些管线，避免因循环不畅导致不能正常冷却而损坏压缩机系统。

8）禁止修改机器内部参数，以免造成严重的后果。

二、热缩机的保养维护

1）热缩机应定期清洁，通过主开关关闭电源，拔掉电源插头，使用湿的软棉布清洁设备表面。

2）在清洁过程中，不允许液体渗入设备的内部，避免设备因潮湿而导致电击危险，不要使用有磨损的方式清洁设备。

3）确保快速冷却器和空气冷凝器热片的干净，保证冷却单元的安全和正常工作。

4）感应式热缩机和快速冷却器实际上是免维护的，无须多加操作。

5）定期检查设备，如有损坏（爆裂、变形），立即更换元件。

6）定期检查快速冷却器的水平面。冷却钢管必须被完全淹没，如果水位不够，重新填满水。

7）在关闭热缩机 5min 内，仍可能有残余的电流，须注意触电危险。

压缩空气供给系统 ◀

压缩空气供给系统是指从空气压缩机到车间各工位压缩空气供气点的设备和各种装置及管路的组合，包括空气压缩机、储气罐、冷冻干燥机、油水分离器、固定管道、橡胶软管、接头、阀门等。压缩空气供给系统要确保耐压、不泄漏，不会导致大的不必要的压降浪费，还要确保压缩机空气的纯净、干燥，故设备配置及管路布置都非常重要，需要专业的公司进行配置及设计。

1. 空气压缩机的种类

目前常用的空气压缩机有两种，即往复活塞式空气压缩机和螺杆式空气压缩机。

1）往复活塞式空气压缩机利用活塞的往复运动来压缩空气，其气量中等，性能随使用时间减退较快，机油或油蒸气可能会进入压缩空气管路。

2）螺杆式空气压缩机通过两个转子的高速运动产生压力，气压气量恒定、噪声小、气量大、空气清洁、节能高效，其工作效率和可靠性很高，故近年来已得到普及，并逐步取代了往复活塞式空气压缩机。

2. 空气压缩机配套设备

（1）储气罐　储气罐相当于一个蓄能装置，空气压缩机输出的压缩空气要先进入储气罐暂时储存，随着气动工具的使用，储气罐内的压缩空气不断消耗，当储气罐内的压力降到一定值时，空气压缩机就会重新起动并向储气罐供气。所以储气罐能起到稳定压力和保证气量的作用，能减少压缩机的运转时间，从而延长压缩机的使用寿命。

（2）冷冻干燥机　经空气压缩机压缩的空气，温度高达 100～150℃，只有压缩空气降到露点温度以下，混合在压缩空气中的油和水才能变成水滴和油滴，从而容易过滤并排放。由于储气罐能够起到一定的散热作用，空气压缩机可先连接储气罐然后连接冷冻干燥机，以除去压缩空气中的油分及水分。

（3）油水分离器　压缩空气经过储气罐和冷冻干燥机的过滤和分离后，只含有非常少量的水分、油分及微粒，但这些水分、油分及微粒还是有可能致使管路、设备产生问题。为确保各管路、设备能长期有效工作，必须在供气支管和橡胶软管之间安装油水分离器。压缩空气通过油水分离器的引流板、离心器、膨胀室、振动片和过滤器的作用，将油分、水分和微粒从高压气体中分离出来，并通过自动或手动排水阀排出，以确保压缩空气清洁、干燥。

（4）供气管路

1）供气主管应在车间上方设置为环形，以保证各处的压力均衡稳定，管径需要根据压缩空气用量来计算确定。主管逐步向排水端倾斜，倾斜度为 1/100，并在排水端设自动排水阀，以利于管道内分离和积累的油和水的排放。

2）供气支管应从供气主管上方以倒 U 形分出、下垂至工位所需高度，这样可防止供气主管中的水分进入供气支管。管径同样需要根据压缩空气用量计算确定。

3）橡胶软管内径应达到 8~10mm，其材质要求柔软易弯曲、防静电和不含硅。橡胶软管长度每增加 5m，就会导致 0.02~0.035MPa 的压力降，因此建议长度不要超过 10m。

名称	序号	名称	简图	型号 / 规格	备注
机床	1	五轴加工中心	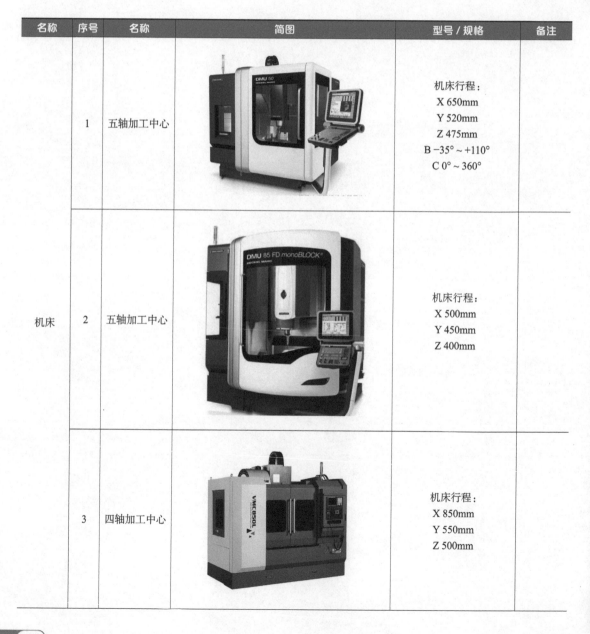	机床行程： X 650mm Y 520mm Z 475mm B −35° ~ +110° C 0° ~ 360°	
	2	五轴加工中心		机床行程： X 500mm Y 450mm Z 400mm	
	3	四轴加工中心		机床行程： X 850mm Y 550mm Z 500mm	

（续）

名称	序号	名称	简图	型号/规格	备注
铣刀	1	圆鼻铣刀		根据工艺定	
	2	球头铣刀		根据工艺定	
	3	立铣刀		根据工艺定	
钻头	1	麻花钻		根据工艺定	
	2	扩孔钻		14～70mm	
	3	中心钻		55° 钨钢中心钻	

（续）

名称	序号	名称	简图	型号／规格	备注
夹紧装置	1	自制卡盘		直径 200mm	
	2	自定心卡盘		直径 200mm	
	3	精密平口钳		行程 200mm	
	4	平口钳		300mm × 150mm × 130mm	
量具	1	游标卡尺		0.02mm	
	2	游标深度卡尺		0.01mm	
	3	百分表与表座		0.01mm	

（续）

名称	序号	名称	简图	型号/规格	备注
量具	4	R规			
铣刀柄	1	铣刀柄		BT40 按实际铣刀选用	按每台加工中心配置
钻夹头	1	钻夹头		BT40	按每台加工中心配置

参 考 文 献

[1] 郑文虎 . 刀具材料和刀具的选用 [M]. 北京：国防工业出版社，2012.

[2] 黄伟九 . 刀具材料速查手册 [M]. 北京：机械工业出版社，2011.

[3] 傅飞 . 数控多轴加工案例与仿真 [M]. 北京：机械工业出版社，2022.

[4] 张喜江 . 多轴数控加工中心编程与加工：从入门到精通 [M]. 北京：化学工业出版社，2020.

[5] 朱耀祥，浦林祥 . 现代夹具设计手册 [M]. 北京：机械工业出版社，2010.

[6] 陈宏钧 . 实用机械加工工艺手册 [M]. 4 版 . 北京：机械工业出版社，2019.

[7] 袁志钟，戴起勋 . 金属材料学 [M]. 3 版 . 北京：化学工业出版社，2019.